GRAVITATIONSTHEORIE UND ÄQUIVALENZPRINZIP

MATHEMATISCHE LEHRBÜCHER UND MONOGRAPHIEN

HERAUSGEGEBEN VON DER
DEUTSCHEN AKADEMIE DER WISSENSCHAFTEN ZU BERLIN
INSTITUTE FÜR MATHEMATIK

II. ABTEILUNG
MATHEMATISCHE MONOGRAPHIEN

BAND XXVI

GRAVITATIONSTHEORIE UND ÄQUIVALENZPRINZIP

VON

H.-H. v. BORZESZKOWSKI, U. KASPER, E. KREISEL,
D.-E. LIEBSCHER, H.-J. TREDER

AKADEMIE-VERLAG · BERLIN
1971

GRAVITATIONSTHEORIE UND ÄQUIVALENZPRINZIP

Lorentz-Gruppe, Einstein-Gruppe und Raumstruktur

Herausgegeben von

Prof. Dr. habil. H.-J. TREDER

Beiträge von

Dr. H.-H. v. BORZESZKOWSKI, Dr. U. KASPER, Dr. E. KREISEL,
Dr. D.-E. LIEBSCHER, Prof. Dr. H.-J. TREDER

AKADEMIE-VERLAG · BERLIN
1971

Erschienen im Akademie-Verlag GmbH, 108 Berlin, Leipziger Straße 3—4

Lizenz-Nr.: 202 · 100/420/71
Gesamtherstellung: VEB Druckerei „Thomas Müntzer", 582 Bad Langensalza
Bestellnummer: 5820 · ES 19 B 2, 18 B 1
EDV-Nr. 761 294 4
Printed in German Democratic Republic

VORWORT

In den letzten Jahrfünften ist die Einsicht in die mathematische Struktur der geometrischen Gravitationstheorie EINSTEINS (einschließlich ihrer Modifikationen und Erweiterungen) außerordentlich gefördert worden. Desgleichen sind die physikalischen Konsequenzen der Gravitationstheorie detailliert verfolgt worden, und durch die Anwendung der relativistischen Gravitationstheorie auf neu entstandene Problemkreise der Astrophysik ist die relativistische Astrophysik als neue Wissenschaftsdisziplin entstanden. — Gleichzeitig ist aber auch herausgearbeitet worden, daß — bei der allgemeinen prinzipiellen Anerkennung der von EINSTEIN begründeten geochronometrischen Theorie der Gravitation und der damit verbundenen Begründung einer physikalischen Theorie von Raum und Zeit — die physikalische Bedeutung wichtiger physikalischer Grundprinzipien der relativistischen Gravitationstheorie immer noch nicht zu Ende diskutiert ist. Es sind dieselben grundsätzlichen Fragen erneut akut geworden, die schon zur Zeit der Begründung der Gravitationstheorie durch EINSTEIN etwa in den Diskussionen zwischen EINSTEIN und MAX ABRAHAM in den Jahren von 1911 bis 1912 im Mittelpunkt des Disputs standen. Bedeutung und Inhalt des allgemeinen Relativitätsprinzips und Bedeutung und Inhalt des EINSTEINschen Äquivalenzprinzips sind auf der Ebene der erweiterten Einsicht in die Einzelheiten der Gravitationstheorie erneut zur Diskussion gestellt worden. Im Zusammenhang mit diesen Grundsatzdiskussionen ist auch die Entstehung bzw. Wiederbelebung von modifizierten und erweiterten relativistischen Gravitationstheorien zu verstehen. Alle diese Theorien fußen auf den Grundintuitionen EINSTEINS; sie unterscheiden sich — explizit oder implizit — aber insbesondere durch die verschiedenen Auffassungen über Inhalt und physikalische Bedeutung des Äquivalenzprinzips und des allgemeinen Relativitätsprinzips.

Immer mehr wird hierbei EINSTEINS eigener Standpunkt akzeptiert, daß die relativistische Gravitationstheorie in der Form, die EINSTEIN ihr 1915 und 1916 gegeben hat, nur eine — wenn auch die bisher wichtigste — Stufe in der Entwicklung der relativistischen Gravitationstheorie und damit der physikalischen Theorie der Geochronometrie von Raum und Zeit ist. Es erscheint als durchaus legitim, ja als geboten, über die Grundfragen der Gravitationstheorie im EINSTEINschen Sinne neu zu diskutieren. — Vor allem zeigt die unter dem Stichwort „Gravitationskollaps" bekannte Problematik, daß die Frage der Wechselwirkung zwischen Gravitation und Materie durch die EIN-

STEINsche Theorie von 1915 noch nicht endgültig gelöst sein kann, sondern daß — in Übereinstimmung mit EINSTEINS immer wieder ausgesprochener Vermutung — die Wechselwirkung zwischen Gravitation und Materie für extreme Dichten und extreme Massen ein offenes Problem ist und daß, da durch den Ansatz in der Relativitätstheorie von 1915 Materie und Gravitation aneinander gekoppelt sind, diese Wechselwirkung für extreme Verhältnisse nicht korrekt beschrieben wird.

Gegenstand des vorliegenden Buches ist es zunächst, den physikalischen Inhalt und die mathematische Formulierung der verschiedenen Fassungen des Äquivalenzprinzips und des allgemeinen Relativitätsprinzips herauszuarbeiten und konstruktiv zu formulieren. Unter dem Gesichtspunkt der Rezeption dieser beiden Fundamentalprinzipien werden die Erweiterungen und Modifikationen der EINSTEINschen Gravitationstheorie untersucht und mit der allgemeinen Relativitätstheorie von 1915 verglichen.

Schließlich wird im 2. Teil des Buches eine Bezugstetraden-Theorie der Gravitation zur Diskussion gestellt, die einen Versuch darstellt, das EINSTEINsche Programm für eine relativistische Gravitationstheorie auf eine neue Weise zu realisieren, wo — entsprechend der von EINSTEIN in einer Diskussion mit ABRAHAM formulierten Konzeption — anstelle der Metrik die Bezugssysteme die fundamentalen Gegebenheiten sind. — Eine solche Bezugssystem-Theorie der Gravitation führt notwendig zu einer (von der bei NEWTON und bei EINSTEIN benutzten Kopplung grundsätzlich verschiedenen) potentialartigen Kopplung zwischen Gravitationsfeld und Materie, die die Möglichkeit einschließt, das Problem des Gravitationskollaps einer Lösung entgegenzuführen.

HANS-JÜRGEN TREDER

INHALTSVERZEICHNIS

EINLEITUNG

Die Theorie des Gravitationsfeldes kann sich nicht auf so erschöpfendes experimentelles Material stützen wie andere Feldtheorien. Der Grund dafür ist die Tatsache, daß die Gravitation die schwächste aller Wechselwirkungen ist. Weiterhin betreffen die technisch erreichbaren experimentellen Befunde zumeist nur das schwache Gravitationsfeld. Nur im Kosmos können makroskopisch starke Gravitationsfelder realisiert sein. Dort aber kann man ihre möglichen Effekte nur indirekt über ihren Einfluß auf die Struktur und die Bewegung der kosmischen Objekte untersuchen.

Die Theorie des Gravitationsfeldes ist also gezwungen, auf Prinzipien zurückzugreifen, die aus Experimenten abstrahiert werden können bzw. deren Bedeutung aus der Theorie der anderen Felder unterstrichen wird. Von zwei Prinzipien wird die Theorie geleitet, vom Prinzip der Äquivalenz von Trägheit und Schwere und vom Relativitätsprinzip. Das erstere ist die Abstraktion des experimentellen Befundes, daß alle Körper gleich schnell fallen, die Bedeutung des zweiten steht durch die Erfolge der speziellen Relativitätstheorie außer Zweifel. Entscheidend ist, daß als Folge des Äquivalenzprinzips das Relativitätsprinzip verallgemeinert werden muß, da nach dem Äquivalenzprinzip im Schwerefeld keine globalen Inertialsysteme mehr existieren.

Beide Prinzipien werden in der Literatur von verschiedenen Standpunkten aus beurteilt und formuliert. Dadurch entstehen verschiedene Auffassungen von der physikalischen Reichweite und dem Inhalt dieser Prinzipien. Insbesondere ist die Bedeutung des allgemeinen Relativitätsprinzips Gegenstand der Diskussion. Es scheint, daß aus der Analyse des Äquivalenzprinzips auch eine Verdeutlichung der Sachlage beim allgemeinen Relativitätsprinzip entsteht.

Das Ziel des vorliegenden Buches ist die Gegenüberstellung der verschiedenen Fassungen und des verschiedenen physikalischen Inhalts der konkurrierenden Formulierungen des Äquivalenzprinzips, die Herausarbeitung ihrer Bedeutung und ihrer konstruktiven mathematischen Formulierungen. Anhand dieser Analyse erhellt sich die Bedeutung der Theorie der Bezugssysteme im RIEMANNschen Raum, die im Teil B des Buches genauer untersucht wird. Der Text des Buches geht von dem Standpunkt aus, daß die Grundlage der EINSTEINschen Gravitationstheorie das scharf formulierte Äquivalenzprinzip (gemeinsam mit dem Relativitätsprinzip) ist und daß EINSTEIN die Gravitation zwingend als metrische Struktur der Raum-Zeit erklären konnte. Als offene Frage wird angesehen, ob die 10 Komponenten g_{ik} des metrischen

Tensors das Gravitationsfeld völlig bestimmen oder ob reichhaltigere geometrische Strukturen, die die g_{ik} enthalten, für die vollständige Darstellung der Gravitation notwendig sind. Solche reicheren Strukturen liefern die Skalar-Tensor-Theorie der Gravitation, die bimetrischen Theorien und die Tetradenfeldtheorie. Es wird besonders darauf Wert gelegt zu zeigen, wie die verschiedenen Fassungen des Äquivalenzprinzips (und auch des Relativitätsprinzips) mit den Anreicherungen der geometrichen Struktur der Raum–Zeit verbunden sind, wobei die EINSTEINsche Gravitationstheorie von 1915 (die allgemeine Relativitätstheorie im engeren Sinne des Wortes) die stärkste Fassung des Äquivalenzprinzips auszeichnet. Das Buch steht aber auch auf dem von EINSTEIN selbst immer vertretenen Standpunkt, daß die Fassung der geometrischen Gravitationstheorie von 1915 eventuell nur eine vorläufige Bedeutung hat, so daß diese Theorie zwar die reifste und ausgebauteste relativistische Gravitationstheorie ist, aber nicht notwendig den Abschluß der Grundsatzforschungen auf dem Gebiete der Gravitation beschreibt.

Durch die Diskussion der physikalischen Struktur der relativistischen Gravitationstheorien vom Standpunkt des Äquivalenz- und Relativitätsprinzips aus wird rückwirkend die physikalische Bedeutung dieser Prinzipien wesentlich aufgeklärt. Insbesondere soll gezeigt werden, welche (wenigstens grundsätzlich) nachweisbaren Unterschiede zwischen den verschiedenen Fassungen der Gravitationstheorie bezüglich der Gültigkeit des starken oder schwachen Äquivalenzprinzips bestehen.

Einen besonderen Schwerpunkt nimmt hierbei die Behandlung der Wechselwirkungen zwischen dem Gravitationsfeld und den Materiefeldern ein. — Erkenntnistheoretisch ist es evident, daß die Struktur des Gravitationsfeldes nur durch seine Wechselwirkung mit den Materiefeldern aufgeklärt werden kann. — Es wird gezeigt, daß die reine Gravitationsdynamik (nämlich die Bewegungsgesetze der Materie unter dem Einfluß eines gegebenen Gravitationsfeldes) für alle physikalisch sinnvollen Gravitationstheorien durch die schwache Fassung des Äquivalenzprinzips grundsätzlich und konstruktiv bestimmt ist und daß alle wesentlichen Unterschiede zwischen der EINSTEINschen Gravitationstheorie und ihren verschiedenen Modifikationen sich auf diejenigen Aussagen erstrecken, die die Rückwirkung der Materie auf das Gravitationsfeld beinhalten. Dies gilt nicht nur in dem trivialen Sinne einer anderen analytischen Form der Feldgleichungen für das Gravitationsfeld; es bestehen vielmehr grundsätzliche physikalische Unterschiede bei der Kopplung des Gravitationsfeldes an das Materiefeld, die sich insbesondere darin ausdrücken, daß diese Kopplung nicht mehr allein durch eine Kopplungskonstante erfaßt werden kann.

Daß die Erfassung der Wechselwirkung von Gravitation und Materie für spinorielle Felder eine Anreicherung des mathematischen Apparates der allgemeinen Relativitätstheorie verlangt, ist wohlbekannt; jedoch läßt sich diese Anreicherung durch Einführung von Tetraden- oder metrischen Spinvektorfeldern bei Aufrechterhaltung der schärfsten Fassung des Äquivalenzprinzips und bei uneingeschränkter Gültigkeit der zweiten Fassung des allgemeinen Relativitätsprinzips bekanntlich physikalisch trivialisieren, wenn man davon ausgeht, daß Spinor-Strukturen nicht direkt beobachtbar sind. Auch in dieser Hinsicht ist die EINSTEINsche Gravitationstheorie von 1915 vor allen anderen Gravitationstheorien ausgezeichnet; hingegen führen insbesondere die Tetradentheorie und die Bezugssystemtheorien auf einen grundsätzlich anderen Stand punkt (s. Kapitel 3 und 5).

Im ersten Teil des vorliegenden Buches sollen nun charakteristische Repräsentanten der verschiedenen Ansätze zur Gravitationstheorie, die über die EINSTEINsche Theorie von 1915 hinausgehen, Revue passieren, mit jener verglichen und an Hand ihrer Vor- und Nachteile beurteilt werden. Dabei beschränken wir uns auf Feldtheorien, die das Äquivalenzprinzip in irgendeiner Form enthalten. Die logischen Grundlagen und die Unterschiede in den nichtlinearen Eigenschaften der Ansätze werden besonders betont. Hinsichtlich der linearen Näherung, d. h. des schwachen Feldes, sind alle Theorien recht ähnlich. Die verschiedenen Möglichkeiten, neue Gedanken im Konzept des Gravitationsfeldes unterzubringen, beginnen erst bei den nichtlinearen Effekten. Bei der Aussage über die Eigenschaften des starken Gravitationsfeldes ergeben sich daher die entscheidenden Differenzen der verschiedenen Aussagen.

Zunächst werden in Kapitel 1 die Eigenschaften des Gravitationsfeldes diskutiert, die in jeder Theorie berücksichtigt werden müssen, will man nicht in Widerspruch mit den Ergebnissen eindrucksvoller Experimente kommen. Das betrifft sicher die NEWTONsche Theorie, die als Grenzfall kleiner Potentialdifferenzen und langsamer Bewegung in jeder Gravitationstheorie enthalten sein muß, und das Prinzip der Gleichheit von schwerer und träger Masse. In zweiter Linie sind dann Lichtablenkung und Periheldrehung Kriterien für die kugelsymmetrischen statistischen Lösungen einer Theorie. Wie das Konzept des RIEMANNschen Raumes, das aus dem Äquivalenzprinzip abstrahiert wird, die LORENTZ-Invarianz verwirklicht, wird im zweiten Paragraphen dieses Kapitels erläutert. Dabei werden auch die Interpretationsmöglichkeiten und physikalische Bedeutung des allgemeinen Relativitätsprinzips diskutiert.

In Kapitel 2 werden als typische Vertreter der sogenannten Skalar–Tensor-Theorien die JORDAN-DICKEsche und die HOYLE-NARLIKARsche Theorie betrachtet. Ferner wird die NORDSTRÖMsche Theorie in diesem Rahmen behandelt, obwohl sie hier eine Ausnahmestellung einnimmt (Skalar-Theorie). In der JORDAN-DICKEschen Theorie ist das starke Äquivalenzprinzip gebrochen, und die HOYLE-NARLIKAR-Theorie erfüllt das schwache Äquivalenzprinzip nur noch näherungsweise und bricht das starke Äquivalenzprinzip.

Die NORDSTRÖMsche Theorie ist heute wegen der experimentell nachgewiesenen Lichtablenkung als widerlegt zu betrachten. Gegen die anderen Theorien könnte sprechen, daß sie für Periheldrehung und Lichtablenkung kleinere Werte als die EINSTEINsche Theorie liefern. Die Theorie der magnetischen Sterne scheint dagegen ein Argument dafür zu liefern, daß die nicht (NEWTONsch) zu interpretierende Periheldrehung eher größer als die

EINSTEINsche sein sollte. Ferner sei an den FREUNDLICHschen Standpunkt erinnert, daß die Lichtablenkung größer als die aus der EINSTEINschen Theorie folgende ist.

In Kapitel 3 werden die bimetrischen Theorien von ROSEN und KOHLER sowie die Tetradenfeldtheorien der Gravitation von MØLLER, PELLEGRINI und PLEBANSKI näher behandelt. Die Erweiterung der diesen Theorien zu Grunde liegenden geometrischen Strukturen gegenüber der EINSTEINschen Gravitationstheorie besteht einerseits in der Hinzunahme einer zweiten, ebenen Metrik und andererseits in der Benutzung von RIEMANNschen Räumen mit einem durch die Tetradenfelder gegebenen Fernparallelismus. Das schwache Äquivalenzprinzip ist sowohl in der ROSEN-KOHLERschen Theorie als auch in der MØLLERschen Theorie erfüllt, auch Lichtablenkung, Rotverschiebung und Periheldrehung stehen nicht im Widerspruch zu den experimentell gemessenen Werten. Die Theorie von PELLEGRINI und PLEBANSKI erfüllt das schwache Äquivalenzprinzip jedoch nur, solange der unsymmetrische Teil des metrischen Materietensors der FERMI-Felder verschwindet. Das ist der Fall, wenn die LAGRANGE-Funktion der FERMI-Felder ein echter Skalar gegenüber LORENTZ-Transformationen der Tetraden ist, d. h. nur von der Metrik g_{ik} explizit abhängt. In allen genannten Theorien besteht die Möglichkeit, globale zeitlich konstante Größen zu definieren, die man mit Energie und Impuls identifizieren kann.

Im Verfolg der hier entwickelten Vorstellungen über Äquivalenz- und Relativitätsprinzip wird im 2. Teil des Buches eine Bezugssystem-Theorie der Gravitation vorgetragen, die von TREDER 1967 vorgeschlagen worden ist. Es wird gezeigt, wie sich diese Theorie der in seiner Diskussion mit MAX ABRAHAM von EINSTEIN vertretenen Konzeption (Bedeutung der allgemeinen Relativitätstheorie) einfügt, und die Besonderheit dieser Theorie, die potentialartige Kopplung von Gravitationsfeldern und Materiefeldern, wird eingehend verfolgt.

Im Kapitel 4 wird zunächst das allgemeine Relativitätsprinzip (in der Sprache der Tetraden als mathematische Darstellung der Bezugssysteme) konstruktiv als Prinzip der allgemeinen LORENTZ-Kovarianz der physikalischen Aussagen interpretiert und für Tensorfelder und phänomenologische Materie die Dualität dieser Interpretation mit EINSTEINS Prinzip der allgemeinen Koordinaten-Kovarianz gezeigt. Hierbei wird ein allgemein LORENTZ-kovarianter, d. h. bezugssystemunabhängiger Kalkül angegeben und in diesem Kalkül mit Hilfe des EINSTEINschen Äquivalenzprinzips die Gravodynamik der Materiefelder formuliert. — Die Wirkung des Gravitationsfeldes wird dann als eine Brechung der allgemeinen LORENTZ-Kovarianz verstanden, derart, daß die Gravitationsfeldgleichungen bestimmte Klassen von inertialsten Bezugssystemen auszeichnen, die im allgemeinen nicht in einen ebenen MINKOWSKIschen Raum einbettbar sind, sondern eine allgemeine RIEMANNsche Metrik g_{ik} definieren.

Im Kapitel 5 werden die Konsequenzen der im Kapitel 4 formulierten Feldgleichungen der Gravitation untersucht. Für schwache Gravitationsfelder besteht keine signifikante Differenz zur allgemeinen Relativitätstheorie von 1915. Hingegen ergeben sich für extreme Dichten und hohe Massen bedeutende Unterschiede. Diese Unterschiede resultieren einerseits aus der Radizierung des metrischen Tensors g_{ik}, andererseits aus der potentialartigen Kopplung von Gravitationsfeld und Materie. Diese potentialartige Kopplung ist es, die im Rahmen der Bezugstetraden-Theorie das Problem des Gravitationskollaps (und damit zusammenhängende Fragen der relativistischen Astrophysik) als lösbar erscheinen läßt.

Teil A

Starkes und schwaches Äquivalenzprinzip in der Gravitationstheorie

KAPITEL 1. ALLGEMEINE BEDINGUNGEN AN EINE GRAVITATIONSTHEORIE

§ 1. Die Bedeutung des Äquivalenzprinzips für die Theorie des Gravitationsfeldes

NEWTON formulierte die erste Gravitationstheorie durch die Angabe des Kraftgesetzes

$$\boldsymbol{K} = -\frac{\boldsymbol{r}}{r}\,\frac{m\,M\,G}{r^2}\,. \tag{1.1}$$

Dieses Gesetz bedeutet gleichzeitig Feldgleichung und, unter Berücksichtigung der NEWTONschen Axiome, Bewegungsgleichung:

$$\Delta\Phi = 4\,\pi\,\varrho\,G\,, \qquad \boldsymbol{K} = -\,m\,\mathrm{grad}\,\Phi\,, \qquad \Phi = -\frac{M}{r}\,G\,. \tag{1.2}$$

Damit erhielt man ein Mittel, die Bewegung der Himmelskörper zu erklären und zu berechnen. Einer der größten Erfolge in dieser Richtung war die Berechnung des damals noch unbekannten Planeten Neptun aus den Störungen der Bahn des Uranus. Nur ein sehr kleiner Schönheitsfehler blieb bei den Berechnungen der Planetenbahnen: Von der Periheldrehung des Merkur, die 5724 Bogensekunden pro Jahrhundert beträgt, konnten 43 Bogensekunden pro Jahrhundert durch die Rechnungen nicht erklärt werden.

Ein anderer, entscheidender Punkt zwingt aber zur Änderung der NEWTONschen Theorie: Die Zeit geht in die Feldgleichung (1.2) nicht ein, nach (1.2) breiten sich die gravischen Wirkungen instantan, mit unendlich großer Geschwindigkeit aus; die NEWTONsche Gravitationstheorie ist GALILEI-invariant, nicht LORENTZ-invariant. Nach der NEWTONschen Theorie wäre man mit Hilfe des Gravitationsfeldes in der Lage, Uhren unabhängig vom Bewegungszustand zu synchronisieren und die absolute Zeit zu realisieren. Vom Standpunkt der speziell-relativistischen Kinematik aus gesehen; zeichnet die Gültigkeit der Gleichung (1.2) ein bestimmtes Inertialsystem aus. Festhalten an der Allgemeingültigkeit des Relativitätsprinzips bedeutet also Aufgabe der NEWTONschen Gravitationstheorie. Die relativistischen Effekte Lichtablenkung, Periheldrehung und Expansion des Kosmos haben bestätigt, daß das Relativitätsprinzip auch in der Theorie des Schwerefeldes gilt. Die Theorie ist also so abzuändern, daß LORENTZ-Invarianz erreicht wird.

Schlüssel zur Lösung dieses Problems ist eine Eigentümlichkeit der Bewegungsgleichungen, das Äquivalenzprinzip. Es soll zunächst ohne zu viel Schärfe erläutert werden, die einzelnen Abstraktionsstufen und die verschiedenen Fassungen werden am Schluß des Paragraphen und in den Thesen zum Äquivalenzprinzip zusammengestellt.

Die Masse eines Körpers hat in der NEWTONschen Bewegungsgleichung zwei Funktionen:

$$m_T \ddot{\boldsymbol{r}} = \boldsymbol{k} = -\, m_S \operatorname{grad} \Phi \,. \tag{1.3}$$

Einmal stellt sie den Trägheitswiderstand des Körpers dar (m_T), zum anderen ist sie die Gravitationsladung, die Größe der Ankopplung an das vorgegebene Gravitationsfeld Φ (m_S). Die Erzeugung des Schwerefeldes durch die Masse ist noch eine dritte Eigenschaft, die aber hier zunächst keine Rolle spielt, da sie die Feldgleichungen und nicht die Bewegungsgleichungen betrifft (vgl. Kap. 5). Die Tatsache nun, daß alle Körper gleich schnell fallen, solange sie nicht anderen Kräften als der Schwerkraft unterworfen sind, bedeutet eine strenge Proportionalität zwischen schwerer und träger Masse. Die spezifische Gravitationsladung ist somit unabhängig von der speziellen Art des Körpers. Diese Tatsache wird, verallgemeinert und zum Prinzip erhoben, Grundlage der relativistischen Gravitationstheorien.

Die Unabhängigkeit der spezifischen Gravitationsladung vom Aufbau der Körper ist in neuerer Zeit von R. DICKE u. a. mit einer relativen Genauigkeit von 10^{-10} nachgeprüft und bestätigt worden [29]. Durch dieses Ergebnis wird das Äquivalenzprinzip zumindest im makroskopischen Bereich unangreifbar. Um noch weitere Schlüsse ziehen zu können, vergleichen DICKE und Mitarbeiter den relativen Anteil der Selbstenergien der einzelnen Wechselwirkungen an den Massen der im Versuch benutzten Probekörper. Man sieht, daß die starke und die mittelstarke Wechselwirkung dem Äquivalenzprinzip sicher unterworfen sind, die elektromagnetische Wechselwirkung liegt gerade noch über der Grenze der Meßgenauigkeit. Die schwache und die gravische Wechselwirkung könnten aber das Äquivalenzprinzip verletzen. Die Frequenzverschiebungen des Lichts im Schwerefeld wird im Rahmen der NEWTONschen Mechanik im allgemeinen als Bestätigung des Äquivalenzprinzips für Photonen angesehen. Entsprechend der trägen Masse des Photons sollte die schwere Masse $m = h\nu c^{-2}$ sein. Der Energiesatz der NEWTONschen Mechanik lautet dann

$$h\nu + \frac{h\nu}{c^2}\Phi = \text{const} \tag{1.4}$$

und liefert die Frequenzveränderung des Photons in Abhängigkeit vom Potential. Diese Frequenzverschiebung konnten POUND und REBKA sogar terrestrisch mit einer Genauigkeit von 10^{-2} nachweisen, indem sie die geringe relative Linienbreite der rückstoßfreien γ-Emission beim MÖSSBAUER-Effekt nutzten [28]. Der Effekt der Lichtablenkung kündigt sich hier an, bedingt durch die Anziehung der Photonen durch die Schwerkraft der Sonne. Dieser Effekt wurde schon bald nach seiner Voraussage durch die EINSTEINsche Theorie bestätigt, obwohl der genaue Wert wegen der schwierigen meßtechnischen Bedingungen noch um etwa 10% unsicher ist (vgl. § 3).

Es ist aber bei diesen beiden Effekten Frequenzverschiebung und Lichtablenkung zu sagen, daß sie streng genommen nicht aus der Relation $m_T = m_S$

folgen. Schließlich sind die Begriffe träge und schwere Masse Begriffe aus der NEWTONschen, d. h. der nichtrelativistischen Mechanik. Es ist nicht ohne weiteres zu erwarten, daß sie sich auch auf Teilchen anwenden lassen, die sich mit Lichtgeschwindigkeit bewegen. Tatsächlich erklärt die metrische Theorie des Gravitationsfeldes die Frequenzverschiebung als ortsabhängigen Uhrengang, und die nach der NEWTONschen Theorie berechnete Lichtablenkung ist erstens experimentell falsch und wird zweitens in den metrischen Theorien des Gravitationsfeldes gerade ohne den Terminus „schwere Masse" berechnet. Im statischen Gravitationsfeld ist ja die kinetische Energie eine Konstante, eine potentielle Energie im Gravitationsfeld gibt es in relativistischen Theorien nicht:

$$g_{0k} \frac{dx^k}{d\lambda} = \text{const}\,, \qquad p_0 = \text{const}\,.$$

Zudem hängt der errechnete Wert für die Lichtablenkung von den verwendeten Feldgleichungen ab, da die Feldgleichungen den relativistischen Teil der Wechselwirkung des Lichts mit dem Gravitationsfeld fixieren. Damit wird die Lichtablenkung eine Bedingung für die Feldgleichungen (obendrein ist sie im allgemeinen auch noch abhängig von der inneren Struktur der Sonne), nicht eine Bestätigung des Äquivalenzprinzips.

Die Gleichheit von schwerer und träger Masse bedeutet nun, daß ein Beobachter eines Massenpunktes in einem gegebenen Koordinatensystem bei einer Beschleunigung des Massenpunktes gegen dieses System nicht entscheiden kann, ob diese Beschleunigung von einem Schwerefeld oder von Trägheitskräften herrührt. Diese Ununterscheidbarkeit von Trägheit und Schwere gilt zwar nur lokal (für einen Massenpunkt), reicht aber aus, um zu zeigen, daß die Gravitation mit denselben Mitteln beschrieben werden muß wie die Trägheitskräfte in beschleunigten Bezugssystemen, nämlich durch eine Metrik verschieden von der des MINKOWSKI-Raumes. Das Linienelement dieses Raumes,

$$ds^2 = \eta_{ik}\, dx^i\, dx^k = c^2\, dt^2 - dx^2 - dy^2 - dz^2\,, \tag{1.5}$$

kennzeichnet also den schwerkraftfreien Raum, dabei bilden die Koordinaten x, y, z, t ein Inertialsystem. Im Gravitationsfeld lautet das Linienelement allgemein

$$ds^2 = g_{ik}\, dx^i\, dx^k\,. \tag{1.6}$$

Der metrische Tensor g_{ik} beschreibt das Potential des Gravitationsfeldes, seine Ableitungen die Feldstärke. An jedem Punkt des Raumes kann ein Koordinatensystem so gewählt werden, daß gilt

$$g_{ik} = \eta_{ik} + \frac{1}{2} g_{ik,rs}\,(x^r - x^r_P)\,(x^s - x^s_P) + O_3\,. \tag{1.7}$$

Das ist eine weitergehende Fassung des Äquivalenzprinzips. (1.7) beschreibt das Feld in einem lokalen Inertialsystem, bei P treten keine Kräfte auf. Man kann P als Schwerpunkt eines frei fallenden Kastens zu einer bestimmten Zeit interpretieren. Kann man nun sogar ein Koordinatensystem einführen, daß dann im ganzen Raum (1.5) gilt, so ist der Raum frei von Gravitationskräften und die in anderen Koordinatensystemen auftretenden Kräfte sind reine Trägheitskräfte. Global ist eine Unterscheidung zwischen Trägheit und Schwere durchaus möglich. [1])

Die Äquivalenz von schwerer und träger Masse muß nun für die Bewegung in einem RIEMANNschen Raum neu formuliert werden. Das wird zunächst dadurch ermöglicht, daß an jedem Punkt der Raum–Zeit lokal MINKOWSKIsche Koordinaten eingeführt werden können, die das lokale Inertialsystem repräsentieren. Ein kräftefreies Teilchen bewegt sich aber im Inertialsystem auf einer Geraden. Die invariante Eigenschaft der Geraden — Autoparallelität oder Extremalität — muß also auch an den Bahnkurven in allgemeinen Koordinatensystemen beobachtet werden. Hierbei ist zu bemerken, daß die Extremalität die einfachere Eigenschaft ist, da sie sich nur auf die Metrik bezieht:

$$\int ds = \int \sqrt{g_{ik} \frac{dx^i}{d\lambda} \frac{dx^k}{d\lambda}}\, d\lambda \text{ extremal} \rightarrow$$

$$\frac{d}{ds}\left(g_{ik} \frac{dx^k}{ds}\right) - \frac{1}{2} g_{kl,i} \frac{dx^k}{ds} \frac{dx^l}{ds} = 0; \quad u_{i;k}\, u^k = 0\,.$$

Die Autoparallelität dagegen verlangt die Definition einer Übertragung. Ist diese Übertragung nicht die metrische Übertragung mit den CHRISTOFFEL-Symbolen, so können Autoparallelität und Extremalität verschiedene Kurven ergeben. Die relativistische Fassung der Äquivalenz von schwerer und träger Masse ist also das sog. Geodätenprinzip: Kräftefreie Massenpunkte bewegen sich im RIEMANNschen Raum, d. h. im Schwerefeld, auf Geodäten der entsprechenden Metrik, wobei die zu verwendende Übertragung durch die spezielle Form der Theorie festgelegt werden muß.

Dieses Verhalten legt nahe, daß für den Energie-Impuls-Tensor einer Materieverteilung die dynamische Gleichung gilt:

$$T^{ik}{}_{;k} = T^{ik}{}_{,k} + \Gamma^i_{lk}\, T^{lk} + \Gamma^k_{lk}\, T^{il} = 0\,. \tag{1.8}$$

Dies ist eine wiederum weitergehende Formulierung des Äquivalenzprinzips. Über die Feldgleichungen für die Metrik g_{ik} sagt das Äquivalenzprinzip aber immer noch nichts aus. Das Verschwinden der kovarianten Divergenz des Materietensors bedeutet, daß lokal bzw. bei verschwindendem Gravitationsfeld der Energie-Impulserhaltungssatz der speziellen Relativitätstheorie gilt. In der speziellen Relativitätstheorie folgt der Energieimpulserhaltungssatz aus den Feldgleichungen. Die nächste Verallge- meinerung des Äquivalenzprinzips ist deshalb die lokale Gültigkeit der speziellrelativistischen Feldgleichungen für die nichtgravischen Felder. Das Aufschreiben der speziell-relativistischen Feldgleichungen im Koordinatensystem (1.7) liefert über die Kovarianz die Feldgleichungen in jedem Koordinatensystem (vgl. Kap. 4).

---

[1]) Wird das Gravitationsfeld durch weitere Größen neben den g_{ik} beschrieben, so stellen diese lokal feststellbare Schwerewirkungen dar.

Die Kovariantschreibung der kanonischen Form der Feldgleichungen der nichtgravischen Felder als Vorschrift für die Errechnung der Wirkung des Schwerefeldes auf diese Felder ist ein vorläufiger Höhepunkt in der Abstraktion des Äquivalenzprinzips und wird im allgemeinen als das schwache Äquivalenzprinzip bezeichnet (s. Thesen des Anhangs).

In der EINSTEINschen Theorie gilt zusätzlich das starke Äquivalenzprinzip: Man kann postulieren, daß in einem freifallenden Laboratorium, d. h. einem Bezugssystem mit der Metrik (1.7) am Beobachtungspunkt, alle äußeren gravitativen Effekte verschwinden. Das bedeutet, daß die Metrik die einzige Größe ist, die das Gravitationsfeld enthält, und daß die Raumkrümmung lokal nicht in die kanonischen Gleichungen für die nichtgravischen Felder eingeht. Das ist aber durch das Experiment noch nicht bestätigt worden. Vielmehr zeigt sich beim Einbau der Spinorfelder in die Theorie, daß der Begriff der Bezugssysteme fundamentaler als die Metrik sein sollte.

Die Beschreibung des Gravitationsfeldes mit der Metrik allein führt mit der Forderung nach einer kovarianten Feldgleichung zweiter Ordnung (NEWTONscher Grenzfall) auf Gleichungen der Form

$$A\left(R^{ik} - \frac{1}{2} R\, g^{ik}\right) + B\, g^{ik} R + C\, g^{ik} = D\, T^{ik} + E\, g^{ik}\, T\,.$$

Wegen der dynamischen Gleichung muß gelten

$$(B\,R + E\,T) = \text{const}\,.$$

Außer den EINSTEINschen Gleichungen mit kosmologischem Term

$$R^{ik} - \frac{1}{2} g^{ik} R + \lambda\, g^{ik} = -\,\varkappa\, T^{ik} \tag{1.9}$$

besteht noch die Möglichkeit der NORDSTRÖMschen Theorie (s. Kap. 2, § 1)

$$R = \frac{k}{6} T\,, \qquad g_{ik} = \Phi^2\, \eta_{ik}\,.$$

Die EINSTEINschen Gleichungen mit kosmologischem Term sind aus einem Variationsprinzip herleitbar. Nur die Gleichungen mit $\lambda = 0$ erlauben für abgeschlossene Systeme den Grenzwert $g_{ik} \to \eta_{ik}$ im Unendlichen. Diese sind die eigentlichen EINSTEINschen Gleichungen[1]).

Die EINSTEINsche Theorie erklärte mit staunenswerter Genauigkeit den Fehlbetrag des Merkurperihels, auch die Voraussage der Lichtablenkung erwies sich als annähernd richtig.

---

[1]) Die kosmologische Konstante bedeutet nicht etwa Ruhmasse für die dem Gravitationsfeld korrespondierenden Teilchen (etwa analog der KLEIN-GORDON-Gleichung). Der einfachste Grund dafür liegt in der Tatsache, daß der feldfreie Raum nicht analog der KLEIN-GORDON-Gleichung durch $g_{ik} = 0$, sondern durch $g_{ik} = \eta_{ik}$ beschrieben wird. — In der Tat führen die gestörten EINSTEINschen Gleichungen (s. TREDER [34]) auf Wellengleichungen für Teilchen ohne Ruhmassen, denen die Störungen genügen müssen.

	experimentell	theoretisch	
Merkurperiheldrehung	42,9	43,03	Bogensekunden pro Jahrhundert
Lichtablenkung	1,″45—2,″20	1,″75	am Sonnenrand

Damit setzte die EINSTEINsche Theorie Maßstäbe für jede andere Gravitationstheorie, die die Unzulänglichkeiten der EINSTEINschen Theorie zu beseitigen versucht (s. a. § 3).

Ein wesentlicher logischer Vorzug der EINSTEINschen Theorie ist die Tatsache, daß sie die dynamische Gleichung (1.8) aus den Feldgleichungen erklärt, obwohl diese zunächst nur die Bewegungsgleichungen betrifft. Aus den Feldgleichungen (1.9) folgt nämlich wegen der BIANCHI-Identität für den Krümmungstensor die dynamische Gleichung für die Materie. Die BIANCHI-Identität beruht auf der Kovarianz der EINSTEINschen Theorie: Es gibt nur einen Differentialausdruck zweiter Ordnung, der linear in den zweiten Ableitungen der Metrik ist und lokal den Wellenoperator verallgemeinert, das ist der EINSTEIN-Tensor $E^{ik} = R^{ik} - 1/2\, g^{ik} R$. Eine kovariante Feldgleichung zweiter Ordnung, die den Charakter der Wellengleichung lokal bewahrt, kann also nur das Aussehen $E^{ik} = -\varkappa T^{ik}$ haben. Wegen der NEWTONschen Näherung muß die Quelle T^{ik} des Gravitationsfeldes eine Verallgemeinerung der Masse sein, d. h. der Energie-Impulstensor. Damit folgt aus der BIANCHI-Identität $E^{ik}{}_{;k} = 0$ und der ausschließlichen Verwendung der Metrik zur Beschreibung der Raumstruktur die dynamische Gleichung $T^{ik}{}_{;k} = 0$.

Die Kovarianz der EINSTEINschen Gleichungen erlaubt nun, von einer Lösung $g_{ik}(x^l)$ zu einer anderen durch Koordinatentransformation zu gelangen. Die Koordinatentransformationen bilden also eine verallgemeinerte Eichgruppe, die durch die dynamische Gleichung ermöglicht wird. In der EINSTEINschen Theorie verhält sich die dynamische Gleichung zur allgemeinen Kovarianz wie der Ladungserhaltungssatz in der phänomenologischen MAXWELLschen Theorie zur Eichinvarianz des Viererpotentials, nur daß hier die dynamischen Gleichungen als Bewegungsgleichungen für die Quellen des Gravitationsfeldes ausreichen, während der Ladungserhaltungssatz die Bewegung des Viererstroms noch nicht bestimmt. In der EINSTEINschen Theorie ist die Bewegung von Probeteilchen und Singularitäten bereits durch die Feldgleichungen festgelegt, die Bewegung phänomenologischer Materie gegebener Struktur also bestimmt.

Da die dynamische Gleichung eine Form des schwachen Äquivalenzprinzips darstellt, muß sie auch in den Theorien gelten, in denen sie nicht aus den Feldgleichungen folgt. Hier muß nun Sorge getragen werden, daß die allgemeine Kovarianz der Theorie, d. h. die Eichinvarianz der Gravitationspotentiale, keine zusätzlichen Bedingungen an den Materietensor T^{ik} stellt.

Stellen wir nun die unter der Bezeichnung Äquivalenzprinzip laufenden Abstraktionsstufen zusammen. Dazu schließen wir konstruktiv an das Gedankenexperiment des infinitesimalen, nichtrotierenden und frei fallenden Fahrstuhls an. Die Beobachtungsergebnisse werden Stufe für Stufe abstrahiert und in ihrer Bedeutung und Reichweite verallgemeinert. Die Gleichheit von träger und passiver schwerer Masse sagt zunächst nur, daß die gravitative Beschleunigung eines Probeteilchens relativ zu einem frei fallenden, nichtrotierenden Fahrstuhl in dessen Schwerpunkt verschwindet. Diese Aussage ist experimentell durch die Versuche von Eötvös und Dicke gesichert und wird sukzessiv verallgemeinert, um die gravitativen Effekte in allgemeineren Situationen, d. h. für allgemeine physikalische Felder, zu erfassen.

Ist die Bahn eines Massenpunktes in den fahrstuhlfesten Koordinaten eine Gerade, d. h. Geodäte, dann ist die Bahn auch in anderen Koordinatensystemen eine Geodäte und das Schwerefeld wird durch eine Metrik beschrieben. Das sogenannte Geodätenprinzip ist also zunächst nur eine kovariante Formulierung der Aussage $m_T = m_S$. Eine Verallgemeinerung steckt allerdings schon hier darin: Das Geodätenprinzip kann auch auf Teilchen mit Ruhmasse Null ausgedehnt werden, während die Termini Masse Begriffe der Newtonschen Mechanik, speziell also der Mechanik langsamer Bewegungen, sind und nicht ohne weiteres auf Teilchen übertragen werden können, die sich mit Lichtgeschwindigkeit bewegen.

Die Beschreibung des Schwerefeldes durch eine nichteuklidische Metrik allein bedeutet, daß sich Trägheitskräfte, die von der Beschleunigung eines Bezugssystems herrühren, nur global von der Schwerkraft unterscheiden, infinitesimal ist die Wirkung beider Phänomene exakt gleich: Zu jeder Geodäten kann ein Koordinatensystem gefunden werden, in dem die Metrik die Form $g_{ik} = \eta_{ik} + O_2$ annimmt. Dieses Koordinatensystem bzw. die zu den Koordinatenlinien tangentialen Einheitsvektoren repräsentierten den längs dieser Geodäten frei fallenden Fahrstuhl.

Beim Geodätenprinzip muß man allerdings beachten, daß ein Probeteilchen nur dann infinitesimal ist, wenn es strukturlos ist, d. h. durch seine Masse vollständig bestimmt ist. Teilchen mit Spin reagieren bereits auf den Krümmungstensor und bewegen sich i. a. nicht mehr auf Geodäten [25].

Die Verallgemeinerung des Geodätenprinzips betrifft kontinuierlich verteilte Materie. Betrachtet man zunächst Staub, d. h. kontinuierlich verteilte Massenpunkte, die nicht miteinander wechselwirken, so lautet der Materietensor einfach

$$T^{ik} = \mu_0 \, u^i \, u^k ,$$

und wegen des Erhaltungssatzes für die Masse $(\mu_0 \, u^i)_{;i} = 0$ gilt

$$u^i{}_{;k} \, u^k = 0 \to T^{ik}{}_{;k} = 0 .$$

Nach der speziell-relativistischen Feldtheorie verschwindet nun die gewöhnliche Tensordivergenz $T^{ik}{}_{,k}$ im Minkowski-Raum ganz allgemein, die kovariante Formulierung dieses Tatbestandes lautet aber $T^{ik}{}_{;k} = 0$. Die dynamische Gleichung für den allgemeinen Materietensor ist also eine naheliegende Verallgemeinerung des Geodätenprinzips. Bezogen auf den frei fallenden Fahrstuhl bedeutet sie: Unabhängig vom äußeren Gravitationsfeld gilt in einem infinitesimalen freifallenden Fahrstuhl der gewöhnliche differentielle Erhaltungssatz für den Energie–Impuls-Tensor (Materie-Tensor).

Von der Kovariantschreibung der Bilanz des Energie–Impuls-Tensors zur Kovariantschreibung der Feldgleichungen selbst ist aber wiederum kein weiter Weg. Die Möglichkeiten des RAINICH-Problems, aus der Struktur des Energie-Impulstensors auf die Feldgleichungen der beteiligten Felder zu schließen, zeigen, daß folgende Verallgemeinerung der dynamischen Gleichung naheliegend ist:

Unabhängig vom äußeren Gravitationsfeld gelten im infinitesimalen frei fallenden Fahrstuhl für alle physikalischen Felder die speziell-relativistischen Feldgleichungen in ihrer kanonischen Form (d. h. nur mit ersten Ableitungen formuliert). Die Feldgleichungen im allgemeinen nichteuklidischen Raum erhält man also durch Ersetzung der Ableitungen in den kanonischen Feldgleichungen durch die kovarianten gewöhnlichen Ableitungen. Grob gesprochen: Lokal gilt die spezielle Relativitätstheorie für alle nichtgravischen Felder.

Die Verallgemeinerung des Äquivalenzprinzips bis zu dieser Stelle enthält keine neue physikalische Problematik. Die EINSTEINsche Theorie benutzt aber noch eine weitere Verallgemeinerung: Auch die gravitativen Effekte in einem frei fallenden Fahrstuhl sollen unabhängig vom äußeren Gravitationsfeld sein, d. h. außer der Metrik, die ja auf MINKOWSKI-Form gebracht wird, gibt es keine weiteren Funktionen die noch Gravitationsfeld beschreiben. Die zehn Komponenten des metrischen Feldes allein repräsentieren die Gravitation.

Die Bezugssysteme h_i^A (s. § 2, Kap. 4), die implizit immer gebraucht werden und explizit bei der Formulierung der Spinor-Gleichungen benötigt werden, müssen in diesem Falle gleichzeitig mit $g_{ik} = \eta_{ik} + O_2$ auf die Form

$$h_i^A = \delta_i^A + O_2$$

gebracht werden können, d. h., die Vierbeine dürfen nur bis auf lokale LORENTZ-Rotationen festgelegt sein.

Die in der EINSTEINschen Theorie verwandte Form des Äquivalenzprinzips heißt daher starkes Äquivalenzprinzip. Die allgemeinste Formulierung des schwachen Äquivalenzprinzips ist die vorangehende Abstraktionsstufe. Das starke Äquivalenzprinzip wird gebrochen, wenn mehr als nur die Metrik zur Beschreibung des Gravitationsfeldes herangezogen wird, einmal durch Hinzunahme eines skalaren Feldes (Skalar–Tensor-Theorien), andererseits durch Festlegung des Vierbeinfeldes bis auf globale LORENTZ-Rotationen. Das eine Mal hätte man eine elfkomponentige Gravitationstheorie, das andere Mal eine sechzehnkomponentige.

Zusammengefaßt erscheinen die Abstraktionsstufen des Äquivalenzprinzips in der Reihenfolge.

I. Träge Masse gleich passive schwere Masse.
   Nichtrelativistischer Grenzfall von II.

II. Punktteilchen, die nur unter dem Einfluß des Gravitationsfeldes stehen, bewegen sich auf Geodäten. Die Metrik des Raumes wird durch das Gravitationsfeld bestimmt.

III. Es gilt die dynamische Gleichung für den Materie-Tensor. Das ist notwendig im Falle des Staubes wegen II und im speziell-relativistischen Grenzfall wegen des Energie-Impuls-Erhaltungssatzes. „Phänomenologischer Grenzfall" von IV.

IV. Lokal gilt die spezielle Relativitätstheorie für alle nichtgravischen Felder (Schwaches Äquivalenzprinzip). Die Feldgleichungen sind im Gravitationsfeld so zu formulieren, daß in der kanonischen Form in der speziellen Relativitätstheorie die Ableitungen durch allgemein kovariante Ableitungen ersetzt werden.

V. Das Gravitationsfeld ist identisch mit der Metrik (Starkes Äquivalenzprinzip). Im frei fallenden Fahrstuhl verschwinden alle äußeren gravitativen Effekte (s. Thesen).

§ 2. Die LORENTZ-Invarianz im RIEMANNschen Raum und das allgemeine Relativitätsprinzip

Es soll nun geklärt werden, wie in dem durch das Äquivalenzprinzip geforderten Konzept des RIEMANNschen Raumes die LORENTZ-Invarianz verwirklicht wird. Dazu muß zuerst darauf hingewiesen werden, daß in der speziellen Relativitätstheorie drei Transformationsgruppen zusammenfallen, die verschiedene Bedeutung haben und die sich im RIEMANNschen Raum unterscheiden. Das sind einmal die Gruppe der Koordinatentransformationen, dann die Gruppe der Transformationen der Bezugssysteme und schließlich die Gruppe der Bewegungen.

Während im MINKOWSKI-Raum die Koordinaten-Transformationen eingeschränkt werden können durch die Bedingung, daß die spezielle Form der Metrik (1.5) numerisch invariant bleibt, ist im RIEMANNschen Raum eine solche Bedingung nicht möglich. Die Beschränkung auf Koordinatensysteme mit der Metrik (1.5) führt im MINKOWSKI-Raum auf die Reduktion der Gruppe der Koordinatentransformationen auf die LORENTZ-Gruppe. Die Erweiterung der zugelassenen Koordinatentransformationen beim Übergang vom MINKOWSKI-Raum zum RIEMANN-Raum ist also formal, wenn man davon absieht, daß globale Systeme mit der Metrik (1.5) eben nur im schwerkraftfreien Raum möglich sind. Darüber hinaus kann man sich mit passenden Koordinatenbedingungen auch im RIEMANNschen Raum auf LORENTZ-Transformationen der Koordinatensysteme beschränken, ein Beispiel sind die harmonischen Koordinaten. Die Verallgemeinerung der Koordinaten ist also nicht der entscheidende Punkt beim Übergang vom MINKOWSKI-Raum zum RIEMANNschen Raum.

Das Verhalten der Bezugssysteme dagegen liefert einen gewichtigeren Unterschied zwischen beiden Räumen, einen Unterschied geometrischer Natur. Ein Bezugssystem ist ein Vierbeinfeld, das den Zusammenhang zwischen den tensoriellen Größen einer Theorie und den gemessenen Skalaren liefert. An jedem Punkt des Raumes also sind vier orthonormierte Vektoren gegeben, die die Basis des tangentialen Vektorraums darstellen. Die skalaren Meßgrößen sind nun die Projektionen der entsprechenden Tensoren auf dieses Vierbein (s. Kap. 4).

Die physikalische Bedeutung des zeitartigen Vektors des Vierbeins ist die Repräsentation einer Normaluhr in bestimmtem Bewegungszustand. Die Komponente eines Intervalls bezüglich dieses Vektors ist die Zeitdifferenz, die von dieser Uhr gemessen wird. Sei die kontravariante Basis h^i_A $(A = 0, 1, 2, 3)$, und die kovariante Basis h^B_k sei zu ihr reziprok gewählt:

$$h^A_k \, h^k_B = \delta^A_B \rightarrow h^A_i \, h^k_A = \delta^k_i \, . \tag{1.10}$$

Nun wird jeder Vektor bei der Messung bezüglich h^i_A zerlegt:

$$p^k = p^A \, h^k_A \, .$$

Aus der Reziprozität folgt $p^A = p^k \, h^A_k$.

Es ist möglich, die Basis orthonormiert zu wählen. Das ergibt

$$g_{ik} \, h^i_A \, h^k_B = \eta_{AB} \, , \qquad h^i_A = \eta_{AB} \, g^{ik} \, h^B_k \, . \tag{1.11}$$

η_{AB} ist hierbei der MINKOWSKI-Tensor, die lokale Affininvarianz der Basen nach (1.10) reduziert sich damit auf lokale LORENTZ-Invarianz. Festgelegt ist das Vierbein noch nicht, da lokale, d. h. ortsabhängige LORENTZ-Transformationen die Bedingungen (1.11) unverändert lassen:

$$\bar{h}^A_i = \omega^A_B(x) \, h^B_i \, , \qquad \eta_{AB} \, \omega^A_C \, \omega^B_D = \eta_{CD} \, . \tag{1.12}$$

Die Eigenschaften des Raumes, die von den g_{ik} allein bestimmt werden, bleiben von diesen Transformationen unberührt. Verändert wird durch (1.12) die Eigenschaft des Raumes, die durch Festlegung des Vierbeinfeldes hineingetragen wird: der Fernparallelismus.

Mit der metrischen Struktur allein läßt sich im allgemeinen kein Fernvergleich von Tensoren durchführen. Der geodätische Paralleltransport, der im MINKOWSKI-Raum diesen Fernvergleich ermöglicht, hängt im RIEMANNschen Raum, wenn die Krümmung nicht verschwindet, vom Wege ab und fällt dadurch als Instrument aus. Ein vorgegebenes Vierbeinfeld dagegen gestattet den Fernvergleich von Tensoren durch den Vergleich der skalaren Projektionen der Tensoren auf die örtlichen Vierbeine:

$$v^k(P_1) \, h^A_k(P_1) = v^k(P_2) \, h^A_k(P_2) \tag{1.13}$$

wäre die Bedingung für die Gleichheit der Vektoren $\boldsymbol{v}$ an den Punkten P_1 und P_2. Diese Bedingung wird natürlich durch die ortsabhängige LORENTZ-Transformation geändert, während sie invariant ist gegen globale, d. h. ortsunabhängige LORENTZ-Transformationen. Eine globale LORENTZ-Transformation führt also ein Vierbeinfeld in ein äquivalentes über, eine lokale Transformation ändert dagegen die Form des Fernvergleichs.

Der MINKOWSKI-Raum, in dem ein Vierbeinfeld durch den geodätischen Fernvergleich ausgezeichnet ist, gestattet bei dessen Berücksichtigung nur globale LORENTZ-Transformationen der Bezugssysteme. Im RIEMANNschen Raum mit Krümmung existiert kein geometrisch ausgezeichneter Fernvergleich, und man muß zunächst lokale Transformationen des Vierbeinfeldes zulassen. Da man prinzipiell auch im MINKOWSKI-Raum andere Vierbeine einführen kann, ist es nicht die Invarianzgruppe der Vierbeine, die den MINKOWSKI-Raum vom RIEMANNschen Raum unterscheidet, sondern die Existenz eines geometrisch ausgezeichneten Vierbeinfeldes.

Hinsichtlich der Bewegungsgruppe hat nun der RIEMANNsche Raum entscheidend andere Eigenschaften als der MINKOWSKI-Raum: Der RIEMANNsche Raum ist im allgemeinen starrer. Eine Bewegung ist eine spezielle infinitesimale Koordinatentransformation

$$\bar{x}^k = x^k + \varepsilon\, \xi^k(x)\,. \tag{1.14}$$

Diese Transformation wird nun weiter benutzt, um eine Punktsubstitution zu definieren. Jedem Punkt P wird ein Punkt P' zugeordnet, der im alten Koordinatensystem die Koordinaten $\bar{x}^k = x^k + \varepsilon\, \xi^k$ hat, das sind gerade die Koordinaten von P im neuen Koordinatensystem. Die Metrik am Punkt P im neuen Koordinatensystem

$$\bar{g}_{ik}(P) = g_{ik}(P) - \varepsilon\, g_{lk}\, \xi^l{}_{,i} - \varepsilon\, g_{il}\, \xi^l{}_{,k} + O_2$$

wird verglichen mit der Metrik am Punkt P' im alten Koordinatensystem:

$$g_{ik}(P') = g_{ik}(P) + \varepsilon\, \xi^l\, g_{ik,l} + O_2\,.$$

Die Koordinatentransformation (1.14) heißt nun Bewegung, wenn diese beiden Ergebnisse gleich sind, d. h., wenn bezüglich der Metrik die infinitesimale Koordinatentransformation einer Punktsubstitution äquivalent ist. Eine Bewegung ist also eine isometrische Abbildung des Raumes auf sich selbst. Die Bedingung für die infinitesimale Transformation, eine Bewegung zu sein, kann man in der Form schreiben

$$\xi_{i;k} + \xi_{k;i} = 0\,. \tag{1.15}$$

Die Bewegungen bilden eine LIE-Gruppe, die Anzahl der unabhängigen Lösungen der Gleichung (1.15), der KILLING-Vektoren, liefert die Zahl der Parameter dieser Gruppe. Im MINKOWSKI-Raum existieren zehn linear unabhängige KILLING-Vektoren, die Bewegungsgruppe ist isomorph der inhomogenen LORENTZ-Gruppe.

Die KILLING-Vektoren gestatten nun gerade die Umwandlung der dynamischen Gleichungen in integrale Erhaltungssätze: Unter der Bedingung (1.15) folgen aus

$$\left.\begin{array}{llll} T^{ik}{}_{;k} = 0 & \text{und} & T^{ik} = T^{ki} & \text{die Beziehungen} \\ (T^{ik}\,\xi_k)_{;i} = 0 & \text{bzw.} & (\sqrt{g}\,T^{ik}\,\xi_k)_{,i} = 0\,, & \end{array}\right\} \quad (1.16)$$

somit ist $\int\limits_{x^0=\text{const}} \sqrt{-g}\,T^{ok}\,\xi_k\,dx^1\,dx^2\,dx^3$ unabhängig von der Hyperfläche $x^0 =$ const, über die integriert wird.

Jedem KILLING-Vektor entspricht also ein integraler Erhaltungssatz. In einem Raum maximaler Beweglichkeit, das heißt in einem MINKOWSKI-Raum oder einem anderen Raum konstanter Krümmung, gibt es zehn unabhängige KILLING-Vektoren und damit zehn Erhaltungssätze, diese entsprechen den zehn Erhaltungssätzen der Mechanik. Im allgemeinen Falle findet man im RIEMANNschen Raum überhaupt keine KILLING-Vektoren, es existieren keine Erhaltungssätze. In stationären Räumen existiert ein zeitartiger KILLING-Vektor, er liefert mit (1.16) den Erhaltungssatz für die Energie. Die Nichtexistenz von Erhaltungssätzen bedeutet im Falle der Ungültigkeit des Schwerpunktsatzes, daß aktive und passive schwere Masse eines Teilchens verschieden sein können.

Eine detaillierte Untersuchung der Räume verschiedener Beweglichkeit findet man bei PETROV [27].

Die Aufspaltung der LORENTZ-Gruppe der speziellen Relativitätstheorie im RIEMANNschen Raum je nach dem geometrischen Inhalt gibt Anlaß zu drei verschiedenen Auffassungen vom Begriff der allgemeinen Relativität. FOCK hat darauf aufmerksam gemacht, daß sich alle Interpretationen des allgemeinen Relativitätsprinzips auf bestimmte Auffassungen EINSTEINS stützen können, daß der Begriff „Allgemeine Relativität" bei EINSTEIN selbst eine Entwicklung durchgemacht hat und EINSTEINS ursprüngliche Intuition bezüglich des allgemeinen Relativitätsprinzips von seiner späteren Aufstellung sehr verschieden war. So können wir mit FOCK feststellen, daß unter „Relativitätsprinzip" drei ganz verschiedene Dinge verstanden werden:

1. Eine Aussage über die Symmetrie der vierdimensionalen Raum–Zeit-Welt. — Die maximal-symmetrische Raum–Zeit-Welt ist aber der homogene und isotrope MINKOWSKI-Raum (oder allgemein ein vierdimensionaler DE SITTER-Raum konstanter Krümmung). Die Existenz eines Gravitationsfeldes bricht nun notwendig die durch eine 10parametrige LIE-Gruppe beschriebene Symmetrie der speziell-relativistischen ebenen Raum-Zeit. Eine Raum-Zeit mit Gravitation gestattet immer nur eine Bewegungsgruppe niederer Parameterzahl. Die allgemeinste RIEMANNsche Raum-Zeit (und somit auch das allgemeine Gravitationsfeld) besitzt überhaupt keine Symmetriegruppe. —

Bei der Interpretation der Relativität als Symmetrie der Raum–Zeit-Welt gibt es also kein allgemeines Relativitätsprinzip. Die Gravitationstheorie führt vielmehr zu Einschrän- kungen des speziellen Relativitätsprinzips.

2. Das allgemeine Relativitätsprinzip wird interpretiert als Prinzip der Äquivalenz aller Bezugssysteme, die mit einer gegebenen Metrik $ds^2 = g_{ik}\, dx^i\, dx^k$ verträglich sind. In dem Sinne ist das allgemeine Relativitätsprinzip das Prinzip der lokalen LORENTZ-Kovarianz — der Kovarianz gegenüber koordinatenabhängigen LORENTZ-Transformationen der Bezugssysteme, wobei diese Bezugssysteme (wie im Text ausführlich dargestellt) etwa durch Tetradenfelder $h_i^A(x)$ repräsentiert werden.

In diesem Sinne gibt es sicher ein physikalisch inhaltsreiches allgemeines Relativitätsprinzip, das eine konstruktive Bedeutung besitzt (s. Kap. 4) und physikalisch keineswegs trivial ist. Wir werden nämlich sehen, daß gemäß den Tetradentheorien der Gravitation gerade das Gravitationsfeld diese Äquivalenz der Bezugssysteme bricht, indem im Rahmen der Tetradentheorien der Gravitation bestimmte Klassen von Bezugssystemen als inertialste Bezugssysteme ausgezeichnet werden. — Jedoch gilt bei dieser Interpretation der allgemeinen Relativitätstheorie grundsätzlich der alte Einwand von KRETSCHMANN und FOCK, daß dieses Prinzip natürlich auch in der speziellen Relativitätstheorie gültig ist, indem alle mit der ebenen MINKOWSKIschen Metrik verträglichen Tetradenfelder die allgemein-relativistische Klasse der Bezugssysteme repräsentieren: — Immerhin werden wir im Kap. 4 sehen, daß diese Form des allgemeinen Relativitätsprinzips gemeinsam mit dem Äquivalenzprinzip so konstruktiv ist, daß Relativitäts- und Äquivalenzprinzip die gesamte Gravitationsdynamik der Materie und der Materiefelder eindeutig bestimmen.

3. Schließlich wird unter dem allgemeinen Relativitätsprinzip das Prinzip der Kovarianz der physikalischen Gleichungssysteme gegenüber Transformationen der EINSTEIN-Gruppe der allgemeinen vierdimensionalen Koordinaten-Transformationen

$$\bar{x}^i = \bar{x}^i(x^k)$$

verstanden, d. h. die grundsätzliche Unabhängigkeit des physikalischen Inhalts der Gleichungen von der speziell gewählten analytischen Darstellung. Diese Forderung ist logisch evident und notwendig, da die Abhängigkeit des physikalischen Inhalts von Gleichungssystemen vom verwendeten mathematischen Apparat unsinnig wäre. Dementsprechend erscheint aber das allgemeine Kovarianzprinzip überhaupt als physikalisch inhaltsleer, da es implizit notwendig in jeder sinnvollen physikalischen Theorie erfüllt ist (und damit natürlich auch für die Gravitationstheorie). — Tatsächlich hat aber EINSTEIN das Kovarianzprinzip immer auf eine Weise gedeutet, die der 2. Auffassung des allgemeinen Relativitätsprinzips entspricht, indem EINSTEIN die Koordinatensysteme als „Bezugsmolluske" aufzufassen vorschlug.

Wir werden im Kap. 4 sehen, daß diese Interpretation des Kovarianzprinzips tatsächlich voll berechtigt ist, indem dann die 2. und 3. Darstellung des allgemeinen Relativitätsprinzips als zueinander „duale Formulierungen" erscheinen. Es läßt sich also das allgemeine Relativitätsprinzip als Prinzip der Äquivalenz aller mit einer gegebenen metrischen Struktur der Raum-Zeit verträglichen Bezugssysteme physikalisch sinnvoll und konstruktiv beim Aufbau der relativistischen Gravitationstheorie verwenden.

Die allgemeinere Idee aber, die die allgemeine Relativität der Bezugssysteme notwendig mit der Gravitation verknüpft, ist auf diese Weise nicht realisiert. Sie entstand historisch in den Jahren 1909 bis 1913 und wurde von EINSTEIN insbesondere in seinen Diskussionen mit MAX ABRAHAM über Relativität und Gravitation ausgesprochen [1—5, 8—17].

Die Diskussion zwischen EINSTEIN und ABRAHAM umfaßt in Kürze alle vorliegenden Fassungen des Relativitätsprinzips (und auch die verschiedenen Interpretationen des Äquivalenzprinzips). Insbesondere nimmt ABRAHAM in vieler Hinsicht den Standpunkt von FOCK vorweg.

Im folgenden Text werden wir im Kapitel 4 bei der Darstellung der Bezugssystemtheorie der Gravitation noch einmal auf EINSTEINs damalige Auffassung vom Wesen des Gravitationsfeldes zurückkommen. Da der Schwerpunkt des vorliegenden Buches aber nicht das allgemeine Relativitätsprinzip, sondern das Äquivalenzprinzip ist, wird der Problemkreis Bezugssysteme und Gravitationsfeld im Text nicht allgemein systematisch verfolgt. Insbesondere wird nicht untersucht, ob die EINSTEINsche Fassung des Relativitätsprinzips von 1915 tatsächlich als Realisierung des von EINSTEIN in der Diskussion mit ABRAHAM aufgestellten Programms interpretiert werden kann. Dieser Problemkreis involviert die Anwendung anholonomer Koordinaten in der allgemeinen Relativitätstheorie und das Problem der algebraischen Erzeugung des Gravitationsfeldes durch anholonome Transformationen [33].

In der Diskussion mit ABRAHAM entwickelte EINSTEIN die Auffassung, daß das Wesen der Gravitation als der notwendige Übergang von inertialen zu nicht inertialen Bezugssystemen zu deuten ist, wobei die nichtinertialen Bezugssysteme im allgemeinen so beschaffen sind, daß sie nicht mehr in eine ebene Metrik eingebettet werden können. EINSTEIN definierte die Gravitationstheorie geradezu als die Theorie derjenigen nichtintegrablen und nicht-LORENTZschen Transformationen der Bezugssysteme, die inertiale Bezugssysteme, die in einer ebenen Raum–Zeit-Welt eingebettet sind, in nichtinertiale Bezugssysteme überführen, die zu einer nichtebenen RIEMANNschen Metrik gehören. — In diesem Sinne wollte EINSTEIN die Verknüpfung der allgemeinen Relativität der Bezugssysteme mit dem Gravitationsfeld verstanden wissen.

§ 3. NEWTONsche Näherung und EINSTEINsche Effekte in einer allgemeinen metrischen Theorie

Das Äquivalenzprinzip impliziert die Darstellung des Gravitationsfeldes durch die Metrik eines RIEMANNschen Raumes und die dynamische Gleichung für den Materietensor. Letzteres kann man durch die Theorie der nichtgravischen Felder sichern, indem man sie kovariant ohne andere Änderungen formuliert und dadurch die differentiellen Erhaltungssätze der speziellen Relativitätstheorie in die dynamische Gleichung überführt. Zunächst folgt also für die Theorie des Gravitationsfeldes nur, daß sie eine metrische Theorie sein muß. Dabei ist gesichert, daß die Theorie mindestens invariant ist gegen globale LORENTZ-Transformationen der Bezugssysteme, dagegen geht die Existenz integraler Erhaltungssätze im allgemeinen verloren. Das Äquivalenzprinzip legt also nur die Form der Theorie, nicht die Feldgleichungen fest. Das Besondere an der EINSTEINschen Theorie ist, daß das Äquivalenzprinzip nicht durch die Theorie der anderen Felder gesichert werden muß, sondern bereits in den Gleichungen für das Schwerefeld enthalten ist. Allerdings legen die EINSTEINschen Gleichungen das Bezugssystem nur bis auf lokale LORENTZ-Transformationen fest.

Erfahrungen über die Gravitation sind — außer in der Kosmologie — bisher nur im schwachen Feld gewonnen worden. Hier ist es allerdings evident, daß jede Theorie die Erfolge der NEWTONschen Theorie anerkennen muß. Die Planetenbewegungen, d. h. die Bewegung von kleinen Massen im kugelsymmetrischen Feld einer großen Masse, muß richtig geliefert werden. In Anbetracht der Brauchbarkeit der Störungsrechnung in der NEWTONschen Theorie ist die Feststellung unumgänglich: In Gebieten mit schwachem Gravitationsfeld

$$\left|\frac{\text{Potential}}{c^2}\right| \ll 1$$

hat die Bewegungsgleichung im Grenzfall $v^2 \ll c^2$ das Aussehen der NEWTONschen Bewegungsgleichungen und das auftretende Ersatzpotential erfüllt bis auf Terme höherer Ordnung die LAPLACE-Gleichung.

Nun ist die relativistische Bewegungsgleichung für einen Massenpunkt durch das Äquivalenzprinzip bereits bekannt:

$$\frac{d^2x^i}{ds^2} + \begin{Bmatrix} i \\ k\,l \end{Bmatrix} \frac{dx^k}{ds}\frac{dx^l}{ds} = 0\,, \qquad \frac{d}{ds} g_{ik}\frac{dx^k}{ds} - [k, i\,l]\frac{dx^k}{ds}\frac{dx^l}{ds} = 0\,. \tag{1.17}$$

Die Bedingung des schwachen Feldes lautet

$$g_{ik} = \eta_{ik} + O\left(\frac{\Phi}{c^2}\right) \quad \text{und} \quad \left(\frac{dx^0}{ds}\right)^2 \gg \left(\frac{dx^i}{ds}\right)^2_{i=1,2,3}$$

bedeutet langsame Bewegung. Damit erhält man als NEWTONsche Näherung

$$-\frac{d^2x^k}{ds^2} - \frac{1}{2} g_{00,k} = 0\,, \qquad k = 1, 2, 3,\,. \tag{1.18}$$

Vergleichend mit der NEWTONschen Bewegungsgleichung (1.3) erkennt man

$$g_{00} = 1 + 2\frac{\Phi}{c^2} + O\left(\frac{\Phi^2}{c^4}\right). \tag{1.19}$$

Die NEWTONsche Näherung legt also die Bedeutung von g_{00} im schwachen Feld als Äquivalent des NEWTONschen Potentials fest. Mit (1.19) verifiziert man sofort die Frequenzverschiebung eines Photons (1.4). Das Eigenzeitelement eines im Schwerefeld ruhenden Beobachters bzw. Senders lautet ja

$$d\tau^2 = g_{00}\, dt^2 = \left(1 + 2\frac{\Phi}{c^2}\right) dt^2 .$$

Daraus folgt für die Frequenz

$$\nu_0^2\left(1 + 2\frac{\Phi}{c^2}\right) = \nu^2 ,$$

und als Relation zwischen beobachteter und gesendeter Frequenz ergibt sich

$$\nu_s\left(1 + \frac{\Phi_s}{c}\right) = \nu_E\left(1 + \frac{\Phi_E}{c}\right).$$

In der Näherung des schwachen Feldes ist das identisch mit (1.4).

Anders als diese Frequenzverschiebung testen Lichtablenkung und Periheldrehung nicht nur das Äquivalenzprinzip, sondern die Form der Feldgleichungen. Da die Photonen keine langsam bewegten Objekte sind, kann man die Lichtablenkung nicht aus der NEWTONschen Theorie berechnen, da die Gleichung (1.18) nur für $v^2 \ll c^2$ gilt. Zur Berechnung der beiden Effekte betrachtet man zunächst die allgemeine Form der kugelsymmetrischen statischen Metrik. Unter Beachtung der Grenzbedingungen kann man sie in folgender Form entwickeln [24]:

$$\begin{aligned} ds^2 = &-\left(1 + \alpha\frac{m}{r} + O\left(\frac{m^2}{r^2}\right)\right) dr^2 - \left(1 + \beta\frac{m}{r} + O\left(\frac{m^2}{r^2}\right)\right) r^2\, d\sigma^2 \\ &+\left(1 + \gamma\frac{m}{r} + \delta\frac{m^2}{r^2} + O\left(\frac{m^3}{r^3}\right)\right) dt^2 . \end{aligned} \tag{1.20}$$

m ist hier die aktive schwere Masse des Zentralkörpers in geometrischen Einheiten: $m = \frac{GM}{c^2}$. Der Koeffizient γ ist wegen der Gültigkeit der NEWTONschen Näherung festgelegt auf $\gamma = -2$, diese Festsetzung bedeutet nichts weiter, als daß die Masse des Zentralkörpers durch die KEPLERschen Gesetze gewogen wird. Von den drei Koeffizienten α, β und δ ist einer durch eine Koordinatentransformation frei wählbar, nur α und die Kombination $2\delta + \beta\gamma$ sind invariant gegen diese Transformationen. Einer der verbleibenden Koeffizienten $(2\delta + \beta\gamma)$ wird durch die Vakuumfeldgleichungen festgelegt, der andere (α) im allgemeinen erst durch die innere Struktur des Zentralkörpers. Einzig in der EINSTEINschen Theorie werden dank des BIRKHOFFschen Theorems beide Koeffizienten festgelegt, so daß im Falle $\beta = 0$ (erreichbar durch Koordinatentransformation) $\alpha = 2$ und $\delta = 0$ gilt.

Für die Periheldrehung pro Umlauf ergibt sich

$$\Delta\varphi = m\,\pi\,(u_1 + u_2)\left[\frac{2\,\delta + \beta\gamma}{2\,\gamma} - \gamma + \frac{\alpha}{2}\right]. \tag{1.21}$$

Hierbei sind u_1 und u_2 die reziproken Radien der Umkehrpunkte der Ellipse. Die Lichtablenkung errechnet man zu

$$\Delta\psi = m\,\bar{u}\,(\alpha - \gamma) \tag{1.22}$$

mit $1/\bar{u}$ als Minimum des Abstandes des Lichtstrahls vom Zentrum des Zentralkörpers. Die NEWTONsche Theorie liefert zusammen mit dem Äquivalenzprinzip nur den Wert $-\gamma\,m\,\bar{u}$, das ist die Hälfte des EINSTEINschen Wertes.

Da im allgemeinen in α die innere Struktur des Zentralkörpers, genauer seine Zustandsgleichung, eingeht, ist die Lichtablenkung eine Messung zur Festlegung des Feldes, erst die Periheldrehung testet dann die Theorie. Nur im Falle der EINSTEINschen Theorie ist auch die Lichtablenkung ein Test.

Die Variabilität der Lichtgeschwindigkeit

$$\left|\frac{dr}{dt}\right| = \left(1 + \frac{\gamma - \alpha}{2}\,\frac{m}{r}\right) c\,,$$

die auch die Lichtablenkung hervorruft, kann direkt mit Hilfe von Radarechos zu den inneren Planeten gemessen werden [30]. Die Zeit, die das Signal braucht, ist in der Nähe der oberen Konjunktion größer als der entsprechende Wert, der im MINKOWSKI-Raum zu erwarten wäre. [1]) Man kann diesen Effekt auch in der Form interpretieren, daß man sagt, die verschiedenen Methoden der Entfernungsmessung führen im RIEMANNschen Raum auf verschiedene Ergebnisse. Betrachtet man das Produkt aus Lichtgeschwindigkeit und halber Echozeit als Radarentfernung, dann hängt diese nicht nur von der relativen Stellung der Planeten, sondern auch von der Stellung der Sonne ab. Eine andere Größe wäre der Intensitätsabstand, der die Entfernung über das Verdünnungsgesetz der Strahlungsdichte bestimmt. Im Sonnensystem ist der Strahlungsabstand von der Sonne gegeben durch

$$r_I = r\left(1 + \frac{\beta}{2}\,\frac{m}{r}\right).$$

Eine weitere Möglichkeit liefert die Postulierung des dritten KEPLERschen Gesetzes, d. h., der Radius einer kreisförmigen Bahn wird aus der Umlaufzeit bestimmt. Hier erhält man

$$r_K = r\left(1 + \frac{\beta + 2\,\delta}{6}\,\frac{m}{r}\right).$$

Der invariante Abstand

$$\int ds = \int \sqrt{ds^2|_{\xi_k\,dx^k = 0}}\,,$$

integriert über die Geodäte auf der zum KILLING-Vektor orthogonalen Hyperfläche, liefert ein weiteres Beispiel, nur ist dieser nicht direkt experimentell

[1]) Hingegen würde ein Photon nach der NEWTONschen Theorie durch das Schwerefeld beschleunigt werden [37].

zugänglich. Es zeigt sich also, daß beim Operieren im RIEMANNschen Raum auf diese Unterschiede in den einzelnen Entfernungsdefinitionen geachtet werden muß.

Das starke Äquivalenzprinzip, das speziell in der EINSTEINschen Theorie gilt, bedeutet, daß das äußere Gravitationsfeld auch die lokalen gravitativen Vorgänge in einem frei fallenden Kasten nicht beeinflußt. Die Gravitation wird dann nur durch die Metrik beschrieben, die sich im Schwerpunkt eines frei fallenden Kastens gerade auf den MINKOWSKI-Tensor reduziert und deren erste Ableitungen dort verschwinden, so daß die daraus resultierende äußere Kraft verschwindet und keine Wirkung auf die lokalen Vorgänge ausgeübt wird. Alternativen zur EINSTEINschen Theorie führen im allgemeinen zusätzliche Feldfunktionen ein, die auch das Gravitationsfeld beschreiben. Daher treten in einem frei fallenden Kasten noch Wirkungen des äußeren Feldes auf die gravitativen Vorgänge auf. Die gravitative Anziehungskraft zwischen zwei Massen in einem frei fallenden Zustand kann in Theorien, die das starke Äquivalenzprinzip nicht erfüllen, vom äußeren Feld noch abhängen, da dieses eben nicht nur durch die Metrik repräsentiert wird. Die Verletzung des starken Äquivalenzprinzips sollte sich also in einer Variabilität der aktiven schweren Masse in der Nähe dieser Masse bemerkbar machen (s. Kap. 5). Vorläufig ist die experimentelle Technik aber noch nicht in der Lage, das starke Äquivalenzprinzip zu testen, nur das schwache Äquivalenzprinzip steht außer Zweifel.

Literatur

[1] ABRAHAM, M.: Zur Theorie der Gravitation. Phys. Z. **13** (1912), 1–4 (Berichtigung 176).

[2] ABRAHAM, M.: Die Erhaltung der Energie und der Materie im Schwerkraftfelde. Z. Phys. **13** (1912) 311–314.

[3] ABRAHAM, M.: Relativität und Gravitation. Erwiderung auf eine Bemerkung von Herrn EINSTEIN. Ann. Phys. **38** (1912), 1056 1064.

[4] ABRAHAM, M.: Nochmals Relativität und Gravitation. Bemerkungen zu A. EINSTEINS Erwiderung. Ann. Phys. **39** (1912), 444–448.

[5] ABRAHAM, M,: Das Gravitationsfeld. Phys. Z. **13** (1912), 793–797.

[6] ANDERSON, J. L.: RIEMANNian geometry, in H.-Y. CHIU and W. F. HOFFMANN (ed.), Gravitation and Relativity. New York 1964.

[7] BERGMANN, P. G.: Introduction to the Theory of Relativity. New York 1942.

[8] EINSTEIN, A.: Relativitätsprinzip und die aus demselben gezogene Folgerungen. Jahrbuch der Radioaktivität **3** (1907), 411.

[9] EINSTEIN, A.: Philosopher-Scientist. (ed. P. A. SCHILPP) Evansten 1949.

[10] EINSTEIN, A.: Über spezielle und allgemeine Relativitätstheorie. 21. Aufl., Berlin, Oxford, Braunschweig 1969.

[11] EINSTEIN, A.: Grundzüge der Relativitätstheorie. Berlin, Oxford, Braunschweig 1969.

[12] EINSTEIN, A.: Über den Einfluß der Schwerkraft auf die Ausbreitung des Lichtes. Ann. Phys. **35** (1911), 898–908.

[13] EINSTEIN, A.: Lichtgeschwindigkeit und Statik des Gravitationsfeldes. Ann. Phys. 38 (1912), 355–369.
[14] EINSTEIN, A.: Theorie des statischen Gravitationsfeldes. Ann. Phys. 38 (1912), 443–458.
[15] EINSTEIN, A.: Relativität und Gravitation. Erwiderung auf eine Bemerkung von M. ABRAHAM. Ann. Phys. 38 (1912), 1059–1064.
[16] EINSTEIN, A.: Bemerkung zu ABRAHAMS vorangehender Auseinandersetzung „Nochmals Relativität und Gravitation". Ann. Phys. 39 (1912), 704.
[17] EINSTEIN, A. und M. GROSSMANN: Entwurf einer Verallgemeinerten Relativitätstheorie und eine Theorie der Gravitation. Zeitschr. f. Math. u. Phys. 62.
[18] FOCK, V. A.: Theorie von Raum, Zeit und Gravitation. Berlin 1960.
[19] FOCK, V. A.: Les deux principes de relativité et la theorie d'EINSTEIN. „Fluides et Champ Gravitationnel en Relativité Générale". Paris 1960.
[20] FOKKER, A. D.: Time and Space, Weight and Inertial. Pergamon Press 1965.
[21] JÁNOSSY, L.: Theory of Relativity Based on Physical Relativity (1969).
[22] KRETSCHMANN, E.: Über den physikalischen Sinn der Relativitätspostulate. Ann. Phys. 53 (1917), 575.
[23] v. LAUE, M.: Die Relativitätstheorie. Bd. II, 3. Aufl., Braunschweig 1953.
[24] LIEBSCHER, D.-E.: Periheldrehung, Lichtablenkung und Rotverschiebung in einer allgemeinen kugelsymmetrischen Metrik. Mber. DAW 9 (1967), 573–577.
[25] PAPAPETROU, A.: On the motion of spin particles in general relativity. Proc. Roy. Soc. A 209 (1951), 248–258.
[26] PAULI, W.: Theory of Relativity. Pergamon Press 1950.
[27] PETROV, A. S.: Einsteinräume. Berlin 1964. Neue Methoden der allgemeinen Relativitätstheorie. Moskau 1966 (russ.).
[28] POUND, R. V. und G. A. REBKA: Apparent Weight of photons. Phys. Rev. Lett. 4 (1960), 337–341.
SNIDER, J. L.: Effect of gravity on gamma radition. Phys. Rev. 140 (1965), B 788–803.
[29] ROLL, P. G., R. KROTKOV und R. H. DICKE: The equivalence of inertial and passive gravitational mass. Ann. Phys. (USA) 26 (1964), 442–517.
[30] SHAPIRO, I. I.: Testing General Relativity with Radar. Phys. Rev. 141 (1966), 1219 bis 1222.
SHAPIRO, I. I. u. a.: Phys. Rev. Lett. 20 (1968), 1265.
[31] TREDER, H.-J.: (ed.) Entstehung, Entwicklung und Perspektiven der EINSTEINschen Gravitationstheorie. Berlin 1960.
[32] TREDER, H.-J.: Relativität und Kosmos. Berlin, Braunschweig, Oxford 1960.
[33] TREDER, H.-J. und D.-E. LIEBSCHER:
Gravitation Theory as Theory of Non-Lorentzian Transformations of the Systems of Reference, General Relativity a. Gravitation 1 (1970), 117–125.
[34] TREDER, H.-J.: On the question of a cosmological rest mass of gravitons, Int. J. Theor. Phys. 1 (1968), 167–170.
[35] WHEELER, J. A.: EINSTEINS Vision. Berlin, Heidelberg 1968.
[36] RAINICH, G. Y.: Proc. U.S. Nat. Acad. Sci. 10 (1924), 124 und Trans. Am. Math. Soc. 27 (1925) 106.
[37] TREDER, H.-J.: Ann. d. Phys. 25 (1971), 315.

KAPITEL 2. SKALAR-TENSOR-THEORIEN

In diesem Kapitel sollen die Besonderheiten einiger sogenannter Skalar-Tensor-Theorien betrachtet werden.

Wir wollen in diesem Zusammenhang auch die NORDSTRÖMsche Gravitationstheorie betrachten, die nur aus einem bestimmten Blickwinkel als Skalar-Tensor-Theorie erscheint. Außerdem zeigt diese Theorie auch nicht die hervorstechende Eigenschaft der Skalar-Tensor-Theorien, die Brechung des starken Äquivalenzprinzips.

Charakteristisch ist für die Skalar-Tensor-Theorien die Auffassung, daß das Gravitationsfeld nicht allein durch den metrischen Fundamentaltensor eines RIEMANNschen Raumes beschrieben wird, sondern daß man zur vollständigen Beschreibung des Gravitationsfeldes noch ein zusätzliches Skalarfeld braucht.

Die Einführung eines zusätzlichen Skalarfeldes zur Beschreibung der Gravitation bewirkt dann die Brechung des starken Äquivalenzprinzips: In einem frei fallenden Kasten hat das Gravitationsfeld einen Einfluß auf alle in ihm ablaufenden Prozesse und Erscheinungen. Man kann zwar lokal den metrischen Fundamentaltensor eines RIEMANNschen Raumes, der durch eine bestimmte Materieverteilung erzeugt wird, durch eine Koordinatentransformation so auf die MINKOWSKIsche Form bringen, daß die ersten Ableitungen der g_{ik} verschwinden. Dies ist aber nicht für die Ableitungen des Skalarfeldes möglich, die ja einen Vektor bilden.

Das starke Äquivalenzprinzip wird jedoch nicht in der NORDSTRÖMschen Theorie gebrochen. Faßt man diese Theorie als Skalar-Tensor-Theorie auf, so hat man nicht 11 Gleichungen für die 10 Komponenten des metrischen Fundamentaltensors und das Skalarfeld, sondern nur eine Gleichung für das Skalarfeld und weitere algebraische Bedingungen, die die Metrik und das Skalarfeld in der Weise koppeln, daß das starke Äquivalenzprinzip nicht gebrochen wird. Eine Brechung des starken Äquivalenzprinzips ergibt sich aber sowohl in der JORDAN-DICKEschen als auch in der HOYLE-NARLIKARschen Theorie. Die JORDAN-DICKEsche Theorie folgt aus einer Verallgemeinerung der EINSTEIN-MAXWELLschen Theorie, wenn man diese in einem speziellen fünfdimensionalen Raum formuliert.

Wird in der JORDAN-DICKEschen Theorie das Gravitationsfeld außer durch den metrischen Fundamentaltensor eines vierdimensionalen RIEMANNschen Raumes noch durch ein zusätzliches Skalarfeld beschrieben, so werden in der HOYLE-NARLIKAR-Theorie eine Vielzahl von Skalarfeldern eingeführt, um das Gravitationsfeld vollständig zu erfassen.

Gilt in einer speziellen Formulierung der JORDAN-DICKEschen Theorie noch das schwache Äquivalenzprinzip in Strenge, so ist das in der HOYLE-NARLIKAR-Theorie nicht mehr der Fall.

Die NORDSTRÖMsche Theorie, die hier als ein Entartungsfall der JORDAN-DICKEschen Theorie behandelt wird, wird oft auch als speziell-relativistische Theorie interpretiert. Als solche war sie von NORDSTRÖM ursprünglich auch konzipiert worden. Gemäß einer Bemerkung ABRAHAMS stehen aber alle speziell-relativistischen Gravitationstheorien wegen der Konstanz der Lichtgeschwindigkeit mit der experimentellen Erfahrung in Widerspruch, da sie keine Lichtablenkung liefern können.

§ 1. NORDSTRÖMsche Gravitationstheorie

Die älteste, in abgeschlossener Form vorliegende Gravitationstheorie, die dem speziellen Relativitätsprinzip Rechnung trägt, ist die NORDSTRÖMsche Gravitationstheorie [1].

Wir wollen sie zuerst in einer Form darstellen, die EINSTEIN und FOKKER [2] dieser Theorie gegeben haben:

Wie in der EINSTEINschen Theorie wird in der NORDSTRÖMschen angenommen, daß der metrische Fundamentaltensor eines RIEMANNschen Raumes mit dem Gravitationspotential identisch ist.

Der Einfluß des Gravitationsfeldes auf die materiellen Prozesse soll wie in der EINSTEINschen Theorie dadurch erfaßt werden, daß man die Gleichungen der speziellen Relativitätstheorie, die den Ablauf der Prozesse bestimmen, allgemein-kovariant schreibt und zuläßt, daß der in den Gleichungen auftretende metrische Fundamentaltensor zu einem RIEMANNschen Raum mit nichtverschwindender Krümmung gehört.

Insbesondere wird die Bewegung der Materie im Gravitationsfeld durch die dynamische Gleichung $T_k{}^l{}_{;l} = 0$ bestimmt, wobei T_k^l ihr Energie–Impuls-Tensor ist.

Man erkennt also, daß die NORDSTRÖMsche Gravitationstheorie das starke Äquivalenzprinzip in dem Sinne erfüllt, daß das Gravitationsfeld nur durch den metrischen Fundamentaltensor eines RIEMANNschen Raumes beschrieben wird. Dem schwachen Äquivalenzprinzip genügt sie durch die geforderte Gültigkeit der dynamischen Gleichung. An späterer Stelle werden wir sehen, daß gerade die NORDSTRÖMsche Theorie geeignet ist zu zeigen, daß die in der Literatur gegebenen Formulierungen des Äquivalenzprinzips nicht identisch sind.

Wir kommen nun zu den Feldgleichungen der NORDSTRÖMschen Theorie. Während nach der EINSTEINschen Theorie der RICCI-Tensor R_k^l durch den Energie–Impuls-Tensor T_k^l algebraisch bestimmt wird, führt zu den Feldgleichungen der NORDSTRÖMschen Theorie, daß der Krümmungsskalar R durch den LAUE-Skalar $T = T_{kl}\, g^{kl}$ des Energie–Impuls-Tensors algebraisch festgelegt ist, und zwar soll der Krümmungsskalar proportional dem LAUE-Skalar sein:

$$R = k \cdot T\,. \tag{2.1}$$

Dabei werden die im Energie–Impuls-Tensor auftretenden physikalischen Größen wie Energiedichte, Druck usw. mit Maßstäben gemessen, die sich in einem RIEMANNschen Raum nichtverschwindender Krümmung befinden.

Man hat also in der NORDSTRÖMschen Theorie nur eine Gleichung für die zehn g_{kl} des metrischen Fundamentaltensors. Um alle Komponenten dieses Tensors zu bestimmen, braucht man noch weitere Bedingungen. Sie werden durch die Forderung eingeführt, daß es in der Raum-Zeit Koordinatensysteme gibt, in denen die Metrik die Form

$$ds^2 = \Phi^2\, \eta_{kl}\, dx^k\, dx^l \tag{2.2}$$

hat. Hier ist Φ natürlich ein raum-zeitlicher Skalar, und η_{kl} ist der metrische Fundamentaltensor der speziellen Relativitätstheorie in der Standardform. (2.2) liefert 10 algebraische Bedingungen, die in pseudokartesischen Koordinaten

$$(\sqrt{-g})^{-1/2}\, g_{kl} = \eta_{kl} \tag{2.2a}$$

lauten.

Diese Bedingungen bedeuten mathematisch, daß in der NORDSTRÖMschen Theorie nur ganz spezielle RIEMANNsche Räume zugelassen werden. Es sind die konformebenen Räume, also solche, deren WEYL-Tensor der konformen Krümmung $C^k_{b\,r\,s}$ verschwindet; die Metrik g_{ik} ist also durch $C^k_{lmn} = 0$ und $R = k\,T$ gegeben.

Mit (2.2) folgt dann aus (2.1) für Φ die Gleichung

$$\Phi^{-3} \Box\, \Phi = \frac{1}{6}\, k\, T\,, \tag{2.3}$$

wobei $\Box$ der mit der ebenen Metrik η_{kl} gebildete D'ALEMBERT-Operator ist.

Die Gleichung (2.3) ist ursprünglich in der Form

$$\Phi \Box\, \Phi = \frac{1}{6}\, k\, \tilde{T} \tag{2.4}$$

geschrieben worden, wobei $\sim$ bedeutet, daß alle in T auftretenden Größen mit Maßstäben zu messen sind, die sich in einem ebenen Raum befinden. Wir wollen das am Beispiel der inkohärenten Flüssigkeit demonstrieren.

In diesem Fall ist der Energie–Impuls-Tensor durch

$$T^l_k = \varrho\, u_k\, u^l \tag{2.5}$$

gegeben.

Befinden sich die Maßstäbe in einem RIEMANNschen Raum, dann ist die Vierergeschwindigkeit durch

$$u^k = \frac{dx^k}{ds} \tag{2.6}$$

mit $ds^2 = g_{kl}\, dx^k\, dx^l$ definiert. Die Vierergeschwindigkeit in bezug auf den ebenen Raum ist dagegen

$$\tilde{u}^k = \frac{dx^k}{d\tau} \tag{2.7}$$

mit $d\tau^2 = \eta_{kl}\, dx^k\, dx^l$.

Wegen (2.2), also wegen $ds = \Phi\, d\tau$, gilt

$$g_{kl}\, u^k\, u^l = \eta_{kl}\, \tilde{u}^k\, \tilde{u}^l = 1\,. \tag{2.8}$$

Es ist daher $T = T^{kl}\, g_{kl} = \varrho$ und $\tilde{T} = \tilde{T}^{kl}\, \eta_{kl} = \tilde{\varrho}$.

Nun gilt aber für Eigenzeit ds und Eigenvolumen dV_0 im RIEMANNschen Raum und Eigenzeit $d\tau$ und Eigenvolumen im MINKOWSKI-Raum in unserem Fall

$$ds\, dV_0 = \Phi^4\, d\tau\, d\tilde{V}\,. \tag{2.9}$$

Wir können daher für die Materiedichte ϱ schreiben

$$\varrho = \frac{dm}{dV_0} = \frac{1}{\Phi^4}\, \Phi\, \frac{dm}{d\tilde{V}}\,. \tag{2.10}$$

Betrachten wir ein Volumenelement, das klein genug ist, um in ihm $\Phi = \mathrm{const}$ zu sichern, können wir mit der Definition der trägen Masse bezüglich des ebenen Raumes

$$\tilde{m} = \Phi\, m \tag{2.11}$$

für (2.10) auch

$$\varrho = \frac{1}{\Phi^4}\, \frac{d\tilde{m}}{d\tilde{V}} = \frac{1}{\Phi^4}\, \tilde{\varrho} \tag{2.12}$$

schreiben, wobei wir die Materiedichte $\tilde{\varrho}$ für den ebenen Raum eingeführt haben.

Geht man mit (2.12) in (2.3) ein, so erhält man die Gleichung (2.4).

Noch ein Wort zu Gleichung (2.11)! Aus der dynamischen Gleichung $T^l_{k;\,l} = 0$ folgt, daß sich Probeteilchen auf Geodäten des RIEMANNschen Raumes bewegen und ihre träge Masse (Ruhmasse) dabei konstant bleibt. (2.11) besagt daher, daß die Ruhmasse bezüglich des ebenen Raumes nicht mehr konstant ist. Das bewirkt, daß sich das Probeteilchen nicht auf einer Geodäten des MINKOWSKI-Raumes bewegt. Es tritt hier eine Kraft auf, die proportional grad Φ ist.

Man erkennt, daß (2.2), (2.3) und (2.4) dem speziellen Relativitätsprinzip Rechnung tragen. Diese Beziehungen sind invariant gegen starre, d. h. vom Weltpunkt unabhängige LORENTZ-Transformationen.

Früher hatten wir das spezielle Relativitätsprinzip etwas anders formuliert. Es behauptete die Invarianz gegen globale LORENTZ-Rotationen der Bezugssysteme. Die obige Formulierung wird möglich, wenn man die Achsen des Bezugssystems in die Koordinatenachsen dreht und beide identifiziert (vgl. Kap. 4).

Bevor wir auf den Vergleich der NORDSTRÖMschen Theorie mit der Erfahrung eingehen, wollen wir noch zwei weitere Formulierungen der NORDSTRÖMschen Theorie geben, die in der NORDSTRÖMschen Theorie die Ansätze zur Skalar-Tensor-Theorie und einer Tetradentheorie der Gravitation erkennen lassen.

Man kann einmal in Φ (weil Φ ein raum-zeitlicher Skalar ist) einen weiteren Anteil des Gravitationsfeldes sehen, der zu dem durch den metrischen Fundamentaltensor g_{kl} bestimmten noch hinzukommt. Für das Skalarfeld Φ könnte man das Variationsprinzip

$$\delta \int \left[\frac{1}{2} \Phi^{-4} g^{kl} \Phi_{,k} \Phi_{,l} + a \Phi^{-2} g^{kl} T_{kl} \right] \sqrt{-g}\, d^4x = 0 \qquad (2.13)$$

zugrunde legen.

Die Variation nach Φ liefert dann die Gleichung

$$\Phi^{-1} \Box_g \Phi - 2 \Phi^{-2} g^{kl} \Phi_{,k} \Phi_{,l} + 2 a T = 0 , \qquad (2.14)$$

wobei $\Box_g$ der mit der Metrik g_{kl} gebildete D'ALEMBERT-Operator ist.

Die g_{kl} sind noch vollkommen willkürliche Funktionen. Zur NORDSTRÖMschen Theorie kommen wir dann durch die Forderung, daß die g_{kl} in einem bestimmten und damit in allen durch starre LORENTZ-Transformationen verbundenen Koordinatensystemen durch $g_{kl} = \Phi^2 \eta_{kl}$ gegeben sind.

Die Gleichung (2.14) hat große Ähnlichkeit mit der in der JORDAN-DICKEschen Theorie angegebenen Gleichung für den zu den g_{kl} hinzukommenden skalaren Anteil des Gravitationsfeldes.

Man kann also in der NORDSTRÖMschen Theorie eine der später zu behandelnden Skalar-Tensor-Theorien sehen, die jedoch auf Feldgleichungen für die g_{kl} verzichtet und sie durch andere Bedingungen ersetzt. Schließlich wollen wir die NORDSTRÖMsche Theorie in einer Form darstellen, die für eine später zu besprechende Tetradentheorie der Gravitation von fundamentaler Bedeutung ist [3].

Wir nehmen an, daß alle Gravitationswirkungen nicht durch ein Tensorfeld (g_{kl}) oder Tensorfeld + Skalarfeld ($g_{kl} + \Phi$) sondern durch vier Vektorfelder h^A_k (A numeriert die Vektoren) erfaßt werden.

Alle Prozesse, auf die die Gravitation einen Einfluß hat, sollen in einem RIEMANNschen Raum ablaufen, dessen Metrik durch

$$g_{kl} = \eta_{AB} h^A_k h^B_l \qquad (2.15)$$

gegeben ist. Dagegen soll sich die Gravitation in einem ebenen Raum ausbreiten.

Wir postulieren daher als Feldgleichungen für die 16 h^A_k die Gleichungen

$$\eta_{AB} \eta^{kl} h^A_k \Box h^B_l = C \eta^{kl} \tilde{T}_{kl} . \qquad (2.16)$$

Dabei ist $\tilde{T}_{kl}$ der auf den ebenen Raum bezogene Energie-Impuls-Tensor. Um die h^A_k vollständig bestimmen zu können, brauchen wir weitere Bedingungen für die h^A_k.

Zur NORDSTRÖMschen Theorie kommen wir, wenn wir fordern, daß in den Koordinaten, in denen der ebene metrische Fundamentaltensor die bekannte MINKOWSKIsche Form η_{kl} hat, das Vierbeinfeld h_k^A durch

$$h_k^A = \Phi \, \delta_k^A \tag{2.17}$$

gegeben ist.

Wir betrachten nun die lineare Näherung der NORDSTRÖMschen Theorie. Eine inkohärente Materieverteilung der Dichte ϱ erzeugt bei hinreichend kleinem ϱ ein schwaches Gravitationsfeld $\Phi = 1 + \varphi/c^2$, das durch die Gleichung

$$\Delta\varphi = -\frac{k}{6} c^2 \varrho \tag{2.18}$$

bestimmt wird.

Aus der dynamischen Gleichung folgt nun, daß sich Probeteilchen auf Geodäten im RIEMANNschen Raum bewegen. Für langsame Bewegung ergibt sich daraus, daß wir φ mit dem NEWTONschen Potential zu identifizieren haben. Der Anschluß an die NEWTONsche Theorie fordert dann

$$\frac{k}{6} = \frac{4\pi G}{c^2}, \tag{2.19}$$

wobei G die NEWTONsche Gravitationskonstante ist.

Um im Rahmen der NORDSTRÖMschen Theorie die Rotverschiebung der Spektrallinien, die Lichtablenkung durch massive Himmelskörper und die Periheldrehung der Planetenbahnen diskutieren zu können, geben wir die kugelsymmetrische, statische Vakuummetrik von (2.3) an:

$$ds^2 = \left(1 - \frac{m}{r}\right)^2 (dt^2 - dr^2 - r^2 \, d\Omega^2) \, . \tag{2.20}$$

Aus dieser Metrik ergibt sich für die Eigenfrequenzen, die an den Stellen $r_1 < r_2$ gemessen werden,

$$\nu_2/\nu_1 = (1 - m/r_1)/(1 - m/r_2) \, . \tag{2.21}$$

Man mißt also bei r_2 eine Rotverschiebung, die im schwachen Feld mit der aus der EINSTEINschen Theorie folgenden übereinstimmt.

In der Literatur ist häufig die Meinung zu finden, daß die Rotverschiebung eine unmittelbare Bestätigung des schwachen Äquivalenzprinzips für elektromagnetische Strahlung ist [4].

Bringt man nämlich in ein schwaches Gravitationsfeld an zwei Orte, die nur soweit voneinander entfernt sind, daß das Gravitationsfeld zwischen ihnen als homogen betrachtet werden kann, zwei identische Uhren (die Uhren sollen identisch sein, wenn sie sich beide an ein und demselben Ort befinden) und sendet ständig vom Ort 1 nach dem Ort 2 Strahlung, so mißt die Uhr am Ort 1 die Frequenz ν_1 und die Uhr am Ort 2 die Frequenz ν_2, und beide Frequenzen hängen durch die Beziehung

$$\nu_2 = \nu_1 \left(1 + \frac{g\,h}{c^2}\right) \tag{2.22}$$

zusammen (h: = Entfernung zwischen den Orten 1 und 2, g: = Schwerebeschleunigung im homogenen Feld).

Gewöhnlich zieht man die Lichtquantenhypothese heran und behauptet, daß das Lichtquant im Ort 1 die potentielle Energie $h\,\nu/c^2 \cdot g\,h$ hat. Das wiederum soll bedeuten, daß das Photon neben seiner trägen Masse $h\,\nu/c^2$ die gleich große passive schwere Masse hat.

Die elektromagnetische Strahlung würde also dem Äquivalenzprinzip genügen, wenn man es formuliert: Träge Masse ist gleich der passiven schweren Masse.

Diese Argumentation ist nur im Rahmen der NEWTONschen Ideenwelt sinnvoll. Man kann nicht erwarten, daß eine Theorie, die zwar den zahlenmäßigen Inhalt der NEWTONschen Theorie als Grenzfall enthält, sonst aber von ganz anderen Vorstellungen ausgeht, auch den „Mechanismus“ der Rotverschiebung der NEWTONschen Theorie übernimmt.

Im Rahmen der NORDSTRÖMschen Theorie kann man der elektromagnetischen Strahlung keine passive schwere Masse zuordnen: Wie schon gesagt, ist der RIEMANNsche Raum der NORDSTRÖMschen Theorie konform-eben. Wegen der Konforminvarianz der MAXWELLschen Gleichungen bemerkt das Photon nicht, ob ein Gravitationsfeld vorhanden ist oder nicht. In beiden Fällen bewegt es sich auf Nullgeodäten des MINKOWSKI-Raumes, und trotzdem soll nach der NORDSTRÖMschen Theorie eine Rotverschiebung beobachtet werden.

Es ist klar, daß man dem Photon überhaupt keine potentielle Energie im Gravitationsfeld zuschreiben kann, wenn keine Wechselwirkung vorliegt.

Hier zeigt sich, daß die von uns gebrauchte Formulierung des schwachen Äquivalenzprinzips ($T^l_{k;l} = 0$) und die Formulierung des gleichen Prinzips durch die Wendung „passive schwere Masse gleich träger Masse“ in der NORDSTRÖMschen Theorie nicht äquivalent sind: Das Licht bewegt sich sowohl auf Geodäten des MINKOWSKI-Raumes als auch auf Geodäten des konform-ebenen RIEMANNschen Raumes. Man kann ihm aber nach der NORDSTRÖMschen Theorie keine passive schwere Masse zuordnen.

Nach der NORDSTRÖMschen wie nach allen metrischen Gravitationstheorien ist die Rotverschiebung auf den Einfluß des Gravitationsfeldes auf den Gang der Uhren zurückzuführen:

Durch eine stationäre Strahlung vom Ort 1 nach dem Ort 2 wird eine bestimmte Zeit ausgezeichnet. Es ist die Zeit, in deren Einheit bei 2 genauso viele Schwingungen ankommen wie in 1 in dieser Zeiteinheit ausgestrahlt wurden. Diese Zeit ist in (2.20) durch die Koordinatenzeit t gegeben, wovon man sich schnell überzeugt.

Die uns zur Messung der Frequenzen zur Verfügung stehenden identischen Uhren gehen in bezug auf die Zeit t an verschiedenen Punkten des Gravitationsfeldes verschieden schnell, und der Vergleich der Angaben dieser Uhren liefert dann die Frequenzverschiebung.

Wir diskutieren noch kurz Lichtablenkung und Periheldrehung, wie sie sich nach der NORDSTRÖMschen Theorie ergeben.

Aus (2.20) liest man

$$\gamma = -2\,, \quad \alpha = \beta = -2\,, \quad \delta = 1 \tag{2.23}$$

ab (s. (1.20)).

Daraus ergibt sich, daß nach der NORDSTRÖMschen Theorie Lichtstrahlen nicht durch Himmelskörper abgelenkt werden, was auf Grund der Konforminvarianz der MAXWELLschen Gleichungen nicht anders zu erwarten war. Schließlich ergibt sich aus (2.23) für die Periheldrehung $-1/6$ des EINSTEINschen Wertes.

Wir kommen somit zu dem Schluß, daß, wenigstens in bezug auf die Lichtablenkung, die NORDSTRÖMsche Theorie zu vollkommen unbefriedigenden Aussagen führt. Der Wert für die Periheldrehung muß natürlich auch befremden. Aber hier kann immer eingewandt werden, daß das Quadrupolmoment der Sonne vollkommen unbekannt ist und somit eigentlich vollständig unsicher ist, welcher Betrag der Periheldrehung nicht durch die NEWTONsche Theorie erklärt werden kann.

Betrachtet man die erste theoretische Verschärfung des Äquivalenzprinzips (s. S. 13) als natürlich, so könnte man sagen, daß auch auf Grund der EÖTVÖS-DICKEschen Experimente die NORDSTRÖMsche Gravitationstheorie als widerlegt zu betrachten ist: Man weiß, daß zur Gesamtenergie und damit zur trägen Masse der Atome die COULOMB-Wechselwirkung zwischen den Nukleonen mit ungefähr einem Prozent beiträgt. Nach der Quantenfeldtheorie hat man sich aber diese Wechselwirkung als Austausch virtueller Photonen vorzustellen. Diese Photonen werden aber nach der NORDSTRÖMschen Theorie durch das Gravitationsfeld nicht beeinflußt. Daher hätten nach der NORDSTRÖMschen Theorie Atome mit verschiedenen durch die COULOMB-Wechselwirkung bedingten Energie-Anteilen bei gleicher Nukleonenzahl verschiedene träge und gleiche passive schwere Massen, und diese Differenz läge weit über der Meßgenauigkeit der EÖTVÖS-DICKEschen Experimente.

§ 2. JORDAN-DICKE-Theorie

Der historische Ausgangspunkt für die Formulierung der Skalar–Tensor-Theorie von JORDAN und DICKE ist ein formaler Mangel, der sich bei der Formulierung der EINSTEIN-MAXWELLschen Theorie in einem speziellen fünfdimensionalen Raum oder, äquivalent dazu, in einem vierdimensionalen projektiven Raum ergab: Um aus dem Krümmungsskalar dieser Räume durch Variation die EINSTEIN-MAXWELLschen Gleichungen zu erhalten, die in raumzeitlicher Schreibweise

$$R_{kl} - \frac{1}{2} g_{kl} R = -\varkappa \left(F_{km} F_l^m - \frac{1}{4} g_{kl} F_{mn} F^{mn} \right), \tag{2.24}$$

$$F_{kl;m} + F_{lm;k} + F_{mk;l} = 0\,, \tag{2.25}$$

$$F^l_{k;m} = 0 \tag{2.26}$$

lauten, muß unter der Nebenbedingung

$$\Phi \equiv g_{ab} X^a X^b = \text{const} \tag{2.27}$$

variiert werden (a, b laufen hier und in (2.28) ausnahmsweise von 0 bis 4). Dabei sind X^a die homogenen Koordinaten und g_{ab} der metrische Fundamentaltensor des projektiven Raumes [19]. Φ ist unter raum-zeitlichen Koordinatentransformationen ein Skalar.

Die Nebenbedingung (2.27) fordert aber geradezu heraus, sie fallen zu lassen und damit ein neues Feld (Skalarfeld) einzuführen.

Der Skalar Φ hat verschiedene Interpretationen gefunden, die durch verschiedene Darstellungen der Theorie nahegelegt werden. Er wurde vor allem von JORDAN und später von DICKE mit der Gravitationszahl und von DICKE auch mit einem neuen Materiefeld in Zusammenhang gebracht.

Mit der Einführung des Skalars Φ ergibt sich dann aber ein ganzes Spektrum von Möglichkeiten für die Ableitung der Feldgleichungen aus einem Variationsprinzip, gekennzeichnet durch frei wählbare Funktionen. Gehen wir von der fünfdimensionalen Formulierung aus, lautet die Mannigfaltigkeit der Variationsprinzipien

$$\delta \int \left(\underset{5}{R}\, \tilde{f}_1(\Phi) + \tilde{f}_2(\Phi)\, \overset{5}{g}{}^{ab}\, \Phi_{,a}\, \Phi_{,b} + \tilde{f}_3(\Phi) \right) \sqrt{-\overset{5}{g}}\, dX^0 \cdots dX^4 = 0\,. \tag{2.28}$$

Dabei ist $\underset{5}{R}$ der fünfdimensionale Krümmungsskalar und $\tilde{f}_1$, $\tilde{f}_2$ und $\tilde{f}_3$ die erwähnten willkürlichen Funktionen.

Der fünfdimensionale Krümmungsskalar $\underset{5}{R}$ läßt sich nun in folgender Form durch vierdimensionale Größen ausdrücken:

$$\underset{5}{R} = R + \frac{1}{2}\, \Phi\, F_{kl}\, F^{kl} + \frac{1}{2}\, \Phi^{-2}\, \Phi_{,k}\, \Phi^{,k} + \left(\frac{1}{\Phi}\, \Phi^{,k} \right)_{;k}\,. \tag{2.29}$$

Hier wurde abkürzend $\Phi^{,k}$ für $g^{kl}\, \Phi_{,l}$ geschrieben, wobei g_{kl} wieder der metrische Fundamentaltensor eines 4-dimensionalen RIEMANNschen Raumes ist und „;" die mit ihm gebildete kovariante Ableitung bezeichnet. R ist der vierdimensionale Krümmungsskalar, und die F^{kl} werden als elektromagnetischer Feldstärketensor interpretiert.

Damit kann man das Variationsprinzip (2.28) mit vierdimensionalen Größen in folgender Weise schreiben:

$$\delta \int \left\{ \left(R + \frac{1}{2}\, \Phi\, F_{kl}\, F^{kl} \right) f_1(\Phi) + f_2(\Phi)\, \Phi_{,k}\, \Phi^{,k} + f_3(\Phi) \right\} \sqrt{-g}\, d^4x = 0\,. \tag{2.30}$$

Die aus (2.30) folgende Theorie enthält außer dem Φ-Feld, dem elektromagnetischen und dem Gravitationsfeld keine weitere Materie. Will man sie einführen, hat man dafür in (2.30) noch einen Term einzufügen. Die Form von (2.30) legt nahe, wie das zu geschehen hat: Man hat anstelle des MAXWELL-Skalars $F_{kl}\, F^{kl}$ die allgemein-kovariant geschriebene LAGRANGE-Funktion der speziellen Relativitätstheorie zu schreiben. So wird man auf folgende Klasse von Variationsprinzipien geführt:

$$\delta \int \{(R + \Phi \Lambda) f_1(\Phi) + f_2(\Phi)\, \Phi_{,k}\, \Phi^{,k} + f_3(\Phi)\} \sqrt{-g}\, d^4x = 0\,. \quad (2.31)$$

Fordert man nun, daß bei Anwesenheit des Gravitationsfeldes die Feldgleichungen der herkömmlichen Materie die allgemein-kovariant geschriebenen Gleichungen der speziellen Relativitätstheorie sind, so hat man in (2.31)

$$f_1(\Phi) = \Phi^{-1} \quad (2.32)$$

zu setzen.

In diesem Fall folgt dann, daß der Energie-Impuls-Tensor dieser Materie die dynamische Gleichung

$$T^l_{k;l} = 0 \quad (2.33)$$

befriedigt. Das ist verständlich, weil jetzt Φ nur mit dem Krümmungsskalar gekoppelt ist, aber nicht mit der herkömmlichen Materie. Unter der Bedingung (2.32) erfüllt also die aus (2.31) folgende Theorie das schwache Äquivalenzprinzip. Insbesondere bewegen sich ungeladene Probeteilchen auf Geodäten.

Das starke Äquivalenzprinzip ist dagegen nicht erfüllt, denn das Gravitationsfeld wird, wenigstens in der einen Interpretation, nicht nur durch den metrischen Fundamentaltensor eines RIEMANNschen Raumes beschrieben. Es kommt noch der Skalar Φ hinzu.

Die freien Funktionen $f_2(\Phi)$ und $f_3(\Phi)$ werden durch die Forderung, daß in linearer Näherung die NEWTONsche Gravitationstheorie aus (2.31) folgen soll und die Werte für die Lichtablenkung und Periheldrehung durch massive Körper in der Nähe der aus der EINSTEINschen Theorie folgenden Werte liegen müssen, beschränkt. Unter der Bedingung (2.32) liest man aus (2.31) ab, daß Φ proportional der Gravitationszahl ist. Von JORDAN und DICKE ist der Spezialfall betrachtet worden, daß außer (2.32) noch $f_2(\Phi) \sim \Phi^{-2}$ gilt und $f_3(\Phi)$, das „kosmologische Glied", gleich Null ist.

Der historische Weg, der zu den oben erwähnten Annahmen führte, war jedoch anders. JORDAN [5] hat ursprünglich das Variationsprinzip

$$\delta \int \Phi^\eta \left[\left(R - \frac{1}{2}\, \Phi\, F_{kl}\, F^{kl}\right) - \zeta\, \Phi^{-2}\, \Phi_{,k}\, \Phi^{,k}\right] \sqrt{-g}\, d^4x = 0 \quad (2.34)$$

betrachtet, wobei η und ζ Parameter sind, die dem experimentellen Befund anzupassen sind.

Bemerkenswert ist, daß die mathematische Untersuchung dieses Variationsprinzips unabhängig von der Wahl von $\eta \neq 0$ ist, wenn in der Welt außer dem elektromagnetischen und seinem Gravitationsfeld keine herkömmliche Materie vorhanden ist.

JORDAN hat ursprünglich $\eta = 1$ gesetzt, Φ als variable Gravitationszahl gedeutet und angenommen, daß die in (2.34) auftretenden g_{kl} die Metrik des vierdimensionalen Raumzeitkontinuums liefern. Dieser Standpunkt ist vor allem von PAULI [6] und FIERZ [7] kritisiert und später von JORDAN [8] revidiert worden.

PAULI hat betont, daß die Verallgemeinerung der EINSTEIN-MAXWELLschen Theorie (Einführung des Φ-Feldes) noch immer eine Theorie ohne Materie mit von Null verschiedener Ruhmasse ist und daß in einer solchen Theorie die Metrik nicht eindeutig bestimmt ist: Denn die Nullgeodäten bezüglich einer Metrik g_{kl} sind auch Nullgeodäten bezüglich der zu g_{kl} konformen Metrik $g_{kl} = w(x)\, g_{kl}$. In dieser verallgemeinerten EINSTEIN-MAXWELLschen Theorie sind aber Lichtstrahlen das einzige Mittel, die Metrik zu messen.

Die Metrik wird erst eindeutig festgelegt, wenn man (2.34) einen Term für ungeladene Massenpunkte zufügt und fordert, daß ihre Bewegung dem schwachen Äquivalenzprinzip genügt, d. h., daß sie sich auf Geodäten bewegen.

FIERZ führte nun diesen Term in folgenderweise ein: Zuerst wird die Substitution $\Phi^{\eta} = \sigma$ gemacht und mit $\varepsilon_0 = \sigma^{1+1/\eta}$ die Dielektrizitätszahl des Vakuums eingeführt. Der Term für einen Massenpunkt der Masse m und der Geschwindigkeit $\dot{\xi}^k$ lautet dann

$$m \int f(\sigma) \sqrt{g_{kl}\, \dot{\xi}^k\, \dot{\xi}^l}\, d\lambda\,. \tag{2.35}$$

Dabei ist f eine frei wählbare Funktion von σ. Die richtige Metrik ist $\bar{g}_{kl} = f^2(\sigma)\, g_{kl}$.

Man erkennt, daß die Kopplung zwischen Materie und Gravitationsfeld mit der in (2.31) angegebenen nur dann identisch ist, wenn $\eta = -1$ und $f = 1$ ist. FIERZ zeigte dann, daß in der JORDANschen Theorie die Gravitationszahl nicht eindeutig bestimmt ist, sondern eine willkürliche Funktion von Φ ist.

Man hat also entweder die Möglichkeit, die Gravitationszahl als Funktion von Φ vorzugeben, und legt damit die Metrik fest, oder man kann die Metrik im Sinne freier konformer Transformationen beliebig vorgeben und bestimmt so die Gravitationszahl als Funktion von Φ. Es zeigte sich nun, daß die aus (2.34) folgende Theorie auf ein Vakuum mit veränderlicher Dielektrizitäts-„konstanten" $\varepsilon_0 = \sigma^{1+1/\eta}$ führt. Das bedingt aber wiederum eine veränderliche Feinstruktur„-Konstante" und sollte also in den Spektren elektromagnetischer Strahlung beobachtbar sein, die in großer Entfernung von uns emittiert wird. Aus der beobachteten Rotverschiebung der 21-cm-Linie des interstellaren Wasserstoffs wird nun nahe gelegt, $\eta = -1$ zu setzen, d. h., die Feinstruktur-„Konstante" ist vermutlich konstant.

FIERZ zeigte ferner, daß die Annahme, daß sich ungeladene Massenpunkte auf Geodäten bewegen, mit der Annahme äquivalent ist, daß die COMPTON-Wellenlänge der Elementarteilchen konstant ist.

Da für $\eta = -1$ die Dielektrizitätszahl des Vakuums konstant ist, ergibt sich somit, daß die Messungen, die als Einheit den BOHRschen Radius, die COMPTON-Länge oder irgendeine Spektrallinie haben, zu übereinstimmenden Ergebnissen führen. Das wäre nicht der Fall, wenn $\eta \neq -1$ also $\varepsilon_0 \neq \text{const}$ wäre, da die genannten Einheiten von verschiedenen Potenzen von ε_0 abhängen.

Aus den genannten Gründen hat JORDAN später $\eta = -1$ gewählt. Dann ist die im Variationsprinzip (2.34) auftretende Metrik diejenige, auf deren Geodäten sich ungeladene Massenpunkte bewegen, und Φ ist proportional der Gravitationszahl [21].

Später ist aus anderen Gründen (MACHsches Prinzip) von DICKE und BRANS [9], [17], [18] eine Theorie vorgeschlagen worden, die mit der JORDANschen für $\eta = -1$ identisch ist. Es wird nur für Φ^{-1} das Symbol ψ geschrieben.

Die sich aus dem Variationsprinzip

$$\delta \int \left[\psi R + \frac{16\pi}{c^4} L - \omega \psi^{-1} \psi_{,k} \psi^{,k}\right] \sqrt{-g}\, d^4x = 0 \tag{2.36}$$

ergebenden Feldgleichungen lauten

$$R_{kl} - \frac{1}{2} g_{kl} R = (8\pi \psi^{-1}/c^4)\, T_{kl} + (\psi^{-2}\omega)\left(\psi_{,k}\psi_{,l} - \frac{1}{2} g_{kl} \psi_{,m} \psi^{,m}\right)$$

$$+ \psi^{-1}(\psi_{,k;l} - g_{kl} \Box \psi)\,, \tag{2.37}$$

$$2\omega \psi^{-1} \Box \psi - (\omega/\psi^2)\, \psi_{,k} \psi^{,k} + R = 0\,. \tag{2.38}$$

Bemerkenswert ist an den Gleichungen (2.37), daß die Quellstärke der herkömmlichen Materie, die durch T_{kl} repräsentiert wird, durch die veränderliche Gravitationszahl variiert wird.

Während JORDAN das Φ-Feld als variable Gravitationszahl auffaßt, hat DICKE denselben Sachverhalt auch durch die Formulierung, daß das Gravitationsfeld neben dem tensoriellen noch einen durch ein Skalarfeld gegebenen Anteil hat, zum Ausdruck gebracht. Das vollständige Gravitationsfeld wird also durch g_{kl} und Φ repräsentiert.

Dieses Skalarfeld tritt in der obigen Darstellung der Theorie nicht in Wechselwirkung mit den Materiefeldern, so daß $T^l_{k;l} = 0$ gilt, während es über einen Zusatzterm Z^l_k in (2.37) eine Quelle des Gravitationsfeldes ist. Hierdurch können eventuelle Abweichungen der wahren (z. B. aus der geodätischen Bewegung bestimmten) Gravitationsmetrik g_{kl} von den aus den EINSTEINschen Gleichungen mit dem Energie-Impuls-Tensor T_{kl} folgenden Werten $\tilde{g}_{kl}$ erfaßt werden.

Die Differenz $g_{kl} - \tilde{g}_{kl}$ kann ihrerseits zur Bestimmung des ψ-Feldes dienen. Sie darf allerdings nicht beliebig sein — dann würde ja überhaupt keine Gravitationstheorie mehr vorliegen —, sondern sie muß als die gravische Wirkung eines Skalarfeldes interpretierbar sein, das einer bestimmten Feldgleichung genügt. Jedoch bleibt hierbei eine wesentliche Konstante offen, deren Wahl die Anpassung der berechneten an die beobachtete Metrik ermöglichen soll. Unbefriedigend ist hierbei, daß das ψ-Feld prinzipiell nicht direkt, sondern nur über seine gravische Wirkung nachweisbar ist.

Dagegen hat man in der unten folgenden Darstellung der JORDAN-DICKEschen Theorie mit konstanter Gravitationszahl zwar eine Wechselwirkung des

Skalarfeldes mit den Materiefeldern, jedoch ist diese Auffassung manchem wegen der Brechung des schwachen Äquivalenzprinzips unbefriedigend.

Von DICKE ist darauf hingewiesen worden, daß man den Feldgleichungen (2.37) durch eine konforme Transformation der Metrik eine andere Form geben kann, in der die Feldgleichungen (2.37) die Form der EINSTEINschen Gleichungen haben, nur daß zum Energie-Impuls-Tensor der herkömmlichen Materie noch der Energie-Impuls-Tensor eines mit dieser Materie wechselwirkenden Skalarfeldes hinzukommt.

Eine Konformtransformation

$$\bar{g}_{kl} = \chi(x^m)\, g_{kl} \tag{2.39}$$

führt nun auf eine neue mit $\bar{g}_{kl}$ gebildete CHRISTOFFEL-Affinität $\overline{\left\{ {m \atop k\,l} \right\}}$, mit der man die mit g_{kl} gebildete CHRISTOFFEL-Affinität $\left\{ {m \atop k\,l} \right\}$ in der Form

$$\left\{ {m \atop k\,l} \right\} = \overline{\left\{ {m \atop k\,l} \right\}} + \frac{1}{2} \left\{ - \delta^m_k (\ln \chi)_{,l} + \bar{g}^{ms} \bar{g}_{kl} (\ln \chi)_{,s} - \delta^m_l (\ln \chi)_{,k} \right\} \tag{2.40}$$

ausdrücken kann.

Wie schon erwähnt, ist die Interpretation von Φ als Gravitationszahl nur durch das FIERZsche Geodätenpostulat möglich, d. h. durch das Postulat, daß der Geschwindigkeitsvektor von ungeladenen Massenpunkten der Tangentenvektor von zeitartigen Geodäten ist und die Ruhmasse m dieser ungeladenen Massenpunkte konstant ist.

Die Konformtransformation (2.39) führt nun diese Bewegungsgleichung für ungeladene Massenpunkte unter Beachtung von (2.40) in die Bewegungsgleichung

$$\frac{D}{d\bar{s}} (\bar{m}\, \bar{u}^k) + \bar{g}^{kl}\, \bar{m}_{,l} = 0 \tag{2.41}$$

über.

Dabei gilt $d\bar{s}^2 = \chi\, ds^2$, $\bar{u}^k$ ist die Vierergeschwindigkeit in bezug auf die Metrik $\bar{g}_{kl}$, und die Ruhmasse $\bar{m}$ ist durch

$$\bar{m} = m \ln \chi \tag{2.42}$$

definiert.

Von der Metrik $\bar{g}_{kl}$ aus betrachtet, bewegen sich also ungeladene Massenpunkte nicht auf Geodäten der Metrik $\bar{g}_{kl}$, und außerdem haben sie keine konstante Ruhmasse.

Physikalisch bedeutet eine Konformtransformation der Metrik folgendes: Mit jeder Metrik sind „Maßstäbe" verbunden, die durch Paralleltransport ohne Änderung ihrer „Länge" von einem Weltpunkt zum anderen gebracht werden können, so daß in einer RIEMANNschen Raum-Zeit-Welt ein Fernvergleich von Beträgen möglich ist.

Diesen Paralleltransport braucht man nun nicht (und kann man auch nicht) explizit ausführen, wenn man auf Grund der Theorie weiß, welche Größen konstant sind, aus denen man Größen mit der Dimension einer Länge bilden kann.

In der Theorie mit den Feldgleichungen (2.37), (2.38) haben die Ruhmasse m der Massenpunkte und damit, wie FIERZ gezeigt hat, die COMPTON-Länge h/mc dieser Teilchen, ferner die Feinstrukturkonstante e^2/hc und die Vakuumlichtgeschwindigkeit c an jedem Weltpunkt denselben Wert. Nicht konstant ist dagegen die Gravitationszahl. COMPTON-Länge, BOHRscher Radius oder Wellenlänge einer scharfen Spektrallinie wären also Längen, auf die man Längenmessungen gründen kann, da die in der Metrik g_{kl} paralleltransportierten Maßstäbe mit diesen Längen in allen Weltpunkten übereinstimmen, wenn das in einem Weltpunkt der Fall ist.

Ungeeignet ist aber die PLANCKsche Elementarlänge $l = \sqrt{h\,G/c^3}$, da sich die Gravitationszahl von Weltpunkt zu Weltpunkt ändert. Hat an einem Weltpunkt P_0 ein räumlicher Vektor die Länge $l_0 = \sqrt{h\,G/c^3}$, so stimmt die von diesem Weltpunkt paralleltransportierte Länge l_0 in den anderen Weltpunkten nicht mit der Länge l überein.

Gehen wir nun durch eine Konformtransformation zu einer Metrik $\bar{g}_{kl}$ über, so gehören auch zu dieser Metrik bestimmte Längennormale, die sich beim Paralleltransport bezüglich der Metrik $\bar{g}_{kl}$ nicht ändern. Diese Normale werden im allgemeinen nicht mit den Normalen der Metrik g_{kl} übereinstimmen.

Wir sahen z. B., daß in bezug auf $\bar{g}_{kl}$ die Ruhmasse der ungeladenen Massenpunkte keine Konstante mehr ist. Das bedeutet nun, daß COMPTON-Länge, BOHRscher Radius und Wellenlänge einer scharfen Spektrallinie als Normale ungeeignet sind.

Setzt man nun $\chi = G\,\psi$, so bekommen die Feldgleichungen (2.37) die Form der EINSTEINschen Gleichungen, nur daß der Energie-Impuls-Tensor der herkömmlicher Materie noch durch den Energie-Impuls-Tensor des Skalarfeldes $\Theta \equiv \ln \chi$ ergänzt ist und anstelle der g_{kl} jetzt die $\bar{g}_{kl}$ aus (2.39) stehen. Insbesondere ist jetzt die Gravitationszahl G konstant. Bezüglich dieser Metrik $\bar{g}_{kl}$ sind die Größen $\sqrt{h\,G/c^3}$, $\sqrt{h\,G/c^5}$ und $\sqrt{h\,c/G}$ geeignete Längen-, Zeit- und Massennormale, da h und c nicht von der Konform- transformation berührt werden.

Wir haben oben erwähnt, daß sich ungeladene Massenpunkte nicht auf Geodäten der Metrik $\bar{g}_{kl}$ bewegen. Wird die Theorie mit der Metrik $\bar{g}_{kl}$ dargestellt, ist also das schwache Äquivalenzprinzip nicht erfüllt. In der vorliegenden Theorie gibt es aber eine Metrik g_{kl} in der das schwache Äquivalenzprinzip gilt.

Durch eine beliebige Konformtransformation

$$\bar{g}_{kl} = \mu(\psi)\,g_{kl} \tag{2.43}$$

kann man dann beliebige Abweichungen von den Geodäten der Metrik $\bar{g}_{kl}$, die zur Metrik g_{kl} konform ist, erzeugen.

Daß in der Darstellung der hier betrachteten Theorie mit der Metrik $\bar{g}_{kl}$ die Abweichungen der Bahnen der ungeladenen Massenpunkte von den Geodäten der Metrik $\bar{g}_{kl}$ gering sind, liegt daran, daß μ nicht frei gewählt sondern proportional ψ gesetzt wird und ψ der Feldgleichung (2.38) zu genügen hat, die im schwachen Gravitationsfeld bedingt, daß sich ψ sehr wenig ändert.

Es genügt aber noch nicht die Erfüllung des schwachen Äquivalenzprinzips, daß sich ungeladene Massenpunkte bezüglich irgendeiner Metrik auf Geodäten bewegen. Es muß die Metrik sein, die die von uns verwendeten Maßstäbe wie Wellenlänge einer Spektrallinie oder COMPTON-Länge tatsächlich als solche zuläßt. Das ist hier aber der Fall.

Um die drei Effekte Rotverschiebung im Schwerefeld, Lichtablenkung und Periheldrehung in der JORDAN-DICKEschen Theorie diskutieren zu können, geben wir die kugelsymmetrische, statische Vakuummetrik der Gleichungen (2.37), (2.38) an.

Für die Metrik der Form

$$ds^2 = D(r)\,dt^2 - A(r)\,dr^2 - A(r)\,r^2\,d\Omega^2 \tag{2.44}$$

ergibt sich [9]

$$D(r) = [(1 - B/r)/(1 + B/r)]^{2/\lambda}\,, \tag{2.45}$$

$$A(r) = (1 + B/r)^4\,[(1 - B/r)/(1 + B/r)]^{2[(\lambda - C - 1)/\lambda]}\,, \tag{2.46}$$

$$\psi(r) = \psi_0\,[(1 - B/r)/(1 + B/r)]^{-C/\lambda}\,. \tag{2.47}$$

Dabei sind B, C und ψ_0 Integrationskonstanten, und λ ist aus

$$\lambda = \left[(C + 1)^2 - C\left(1 - \frac{1}{2}\,\omega\,C\right)\right]^{1/2} \tag{2.48}$$

zu berechnen.

Aus (2.45) und (2.46) erhält man in großer Entfernung vom Zentrum

$$D(r) = 1 - \frac{4\,B}{\lambda}\,\frac{1}{r} + \frac{8\,B^2}{\lambda^2}\,\frac{1}{r^2} + O(r^3)\,, \tag{2.49}$$

$$A(r) = 1 + 2\,(C + 1)\,\frac{2\,B}{\lambda}\,\frac{1}{r} + O(r^{-2})\,. \tag{2.50}$$

Um Anschluß an die NEWTONsche Theorie zu bekommen, haben wir

$$\frac{2\,B}{\lambda} = m\;(= G\,M) \tag{2.51}$$

zu setzen, womit

$$D(r) = 1 - \frac{2\,m}{r} + \frac{2\,m^2}{r^2} + O(r^{-3}) \tag{2.52}$$

und

$$A(r) = 1 + 2\,(C + 1)\,\frac{m}{r} + O(r^{-2}) \tag{2.53}$$

folgt.

Hieraus liest man ab (s. (1.20))

$$\gamma = -2\,, \qquad \alpha = \beta = 2\,(C+1)\,, \qquad \delta = 2\,. \tag{2.54}$$

Diese Werte liefern für die Lichtablenkung

$$\Delta\varphi_L = \frac{1}{4}\,[2 + 2\,(C+1)]\,\Delta\varphi_L^{\text{Einstein}} \tag{2.55}$$

und für die Periheldrehung

$$\Delta\varphi_P = \frac{1}{3}\,[1 + 2\,(C+1)]\,\Delta\varphi_P^{\text{Einstein}}\,. \tag{2.56}$$

Da (2.45), (2.46), (2.47) eine statische, kugelsymmetrische Vakuummetrik ist, sollte sie lokal isometrisch zur HECKMANNschen Lösung der JORDANschen Theorie sein, da im Vakuum der Wert von η unwesentlich ist (übereinstimmende Lichtablenkung und Periheldrehung ergibt sich, wenn $C + 1$ gleich dem von JORDAN verwendeten B gesetzt wird). Unterschiede zwischen diesen beiden Metriken ergeben sich, wenn in irgendeiner Form die Materie mit von Null verschiedener Ruhmasse eingeht. Das ist der Fall, wenn man die Vakuummetrik eines Massenpunktes betrachtet, dessen Feld in großer Entfernung vom Zentrum schwach sein soll.

Betont werden muß, daß das Verhältnis von Lichtablenkung und Periheldrehung durch die Vakuummetrik nicht festgelegt ist (über C als Integrationskonstante kann frei verfügt werden). Dieses Verhältnis wird erst durch die Art der Quelle bestimmt. Insbesondere ergeben sich für $C = 0$ für Lichtablenkung und Periheldrehung die EINSTEINschen Werte auch nach der JORDAN-DICKEschen Theorie.

Wir wenden uns nun der Betrachtung des Massenpunktes zu, der ein kugelsymmetrisches, statisches schwaches Feld erzeugt.

In diesem Fall folgt aus (2.37) und (2.38)

$$\psi = \psi_0 \left(1 + \frac{2\,M}{\psi_0}\,\frac{1}{3 + 2\,\omega}\,\frac{1}{r}\right) \tag{2.57}$$

und

$$g_{00} = 1 - \frac{2\,M}{\psi_0}\,\frac{4 + 2\,\omega}{3 + 2\,\omega}\,\frac{1}{r}\,, \tag{2.58}$$

wobei M durch das Integral

$$\int \varrho\, dV$$

definiert ist.

Ein Vergleich mit (2.52) liefert dann für die NEWTONsche Gravitationskonstante

$$G = \frac{1}{\psi_0}\,\frac{4 + 2\,\omega}{3 + 2\,\omega}\,. \tag{2.59}$$

Ferner ergibt sich aus (2.47) der Ausdruck

$$\psi = \psi_0 \left(1 + \frac{2\,B}{\lambda}\,C\,\frac{1}{r}\right), \tag{2.60}$$

so daß der Vergleich von (2.60) mit (2.57) unter Beachtung von (2.51) und (2.59) auf

$$C = -\frac{1}{2+\omega} \tag{2.61}$$

führt.

Insbesondere ist bei $\omega \geqq 0$ C für einen Massenpunkt nicht gleich Null, und die JORDAN-DICKEsche Theorie liefert in diesem Fall für die Lichtablenkung und Periheldrehung nicht die EINSTEINschen Werte.

Mit dem Wert für C aus (2.61) ergibt sich nun aus (2.48) für λ der Ausdruck

$$\lambda = \left(\frac{2\,\omega+3}{4\,\omega+2}\right)^{1/2}. \tag{2.62}$$

Damit erhalten wir schließlich aus (2.55) und (2.56) für die Lichtablenkung und Periheldrehung durch einen Massenpunkt

$$\Delta\varphi_L^P = \frac{3+2\,\omega}{4+2\,\omega}\,\Delta\varphi_L^{\text{Einstein}}, \tag{2.63}$$

$$\Delta\varphi_P^P = \frac{4+3\,\omega}{6+3\,\omega}\,\Delta\varphi_P^{\text{Einstein}}. \tag{2.64}$$

Diese Werte sind niedriger als die EINSTEINschen Werte für $\omega \geqq 0$.

Um nun die 43″ bei der Periheldrehung des Merkur erklären zu können, die durch die EINSTEINsche Theorie geliefert werden, braucht DICKE ein Quadrupolmoment der Sonne, dessen größte Trägheitsachse auf der Ekliptik senkrecht steht.

Ob die Sonne wirklich ein solches Trägheitsellipsoid hat, ist durch die STEENBECKsche Theorie des stellaren Magnetismus recht zweifelhaft geworden. Auf Grund dieser Theorie erwartet man bei magnetischen Sternen ein Trägheitsellipsoid, dessen kleinste Trägheitsachse mit der Rotationsachse des Sterns zusammenfallen sollte [10].

Bemerkenswert ist, daß nach der JORDAN-DICKEschen Theorie der Wert der Lichtablenkung für Körper, die nahezu als Massenpunkte betrachtet werden können, kleiner ist als der EINSTEINsche Wert. Wenn nun die Lichtablenkung durch die Sonne größer ist, als nach der EINSTEINschen Theorie berechnet wird (was von FREUNDLICH [11] angenommen wird), könnte sich für die JORDAN-DICKEsche Theorie eine Schwierigkeit ergeben: Vielleicht liefern vernünftige Sonnenmodelle für C keinen positiven Wert, den man brauchte, um eine größere Lichtablenkung zu bekommen als nach der EINSTEINschen Theorie.

Abschließend wollen wir noch auf das starke Äquivalenzprinzip eingehen und zeigen, daß seine Formulierung durch die Worte „aktive schwere Masse = passive schwere Masse = träge Masse“ nur eine sehr beschränkte Bedeutung haben kann im Gegensatz zu der Formulierung, daß das Gravitationspotential mit dem metrischen Fundamentaltensor eines RIEMANNschen Raumes identisch ist.

Wenn wir ein abgeschlossenes physikalisches System betrachten, das auf ein endliches Volumen begrenzt ist, können wir annehmen, daß die Metrik in großer Entfernung vom System statisch und kugelsymmetrisch wird. Aus dem Linienelement liest man dann ab, daß $2\,B/\lambda$ die aktive schwere Masse ist.

Von PAULI ist vorgeschlagen worden, die Größe als (träge) Masse aufzufassen, die erhalten bleibt. Das ist hier wie auch in der EINSTEINschen Theorie kein Integral über $\boldsymbol{T}_0^0$. Während in der EINSTEINschen Theorie zu $\boldsymbol{T}_0^0$ noch $\boldsymbol{t}_0^0$ hinzukommt und als Energiedichte des Gravitationsfeldes interpretiert werden kann (wenn auch nur in beschränktem Rahmen) ist der entsprechende Ausdruck in der JORDAN-DICKEschen Theorie bedeutend komplizierter und vermutlich weniger verständlich.

Bekanntlich kann man die EINSTEIN-Tensordichte in der Form

$$\boldsymbol{U}_{k\vee}^{lm}{}_{,m} - \boldsymbol{t}_k{}^l = \left(R_k{}^l - \frac{1}{2}\,\delta_k{}^l\,R\right)\sqrt{-g} \tag{2.64}$$

schreiben. Setzt man dies in die Gleichungen für das Gravitationsfeld ein, erhält man den Ausdruck

$$\boldsymbol{U}_{k\vee}^{lm}{}_{,m} = (8\,\pi\,\psi^{-1}/c^4)\,\boldsymbol{T}_k{}^l + \boldsymbol{t}_k{}^l + \boldsymbol{Z}_k{}^l\,, \tag{2.65}$$

wobei das Zusatzglied $\boldsymbol{Z}_k{}^l$ von ψ, seinen ersten und zweiten Ableitungen abhängt.

Wegen der Antisymmetrie von $\boldsymbol{U}_{k\vee}^{lm}$ in l und m folgt dann der Erhaltungssatz

$$[(8\,\pi\,\psi^{-1}/c^4)\,\boldsymbol{T}_k{}^l + \boldsymbol{t}_k{}^l + \boldsymbol{Z}_k{}^l]_{,l} = 0\,, \tag{2.66}$$

so daß wir

$$\int [(8\,\pi\,\psi^{1}/c^4)\,\boldsymbol{T}_0^0 + \boldsymbol{t}_0^0 + \boldsymbol{Z}_0^0]\,d^3x = \text{const} \equiv P_0 \tag{2.67}$$

als träge Masse des begrenzten Systems zu betrachten haben.

P_0 können wir aber in Form eines Oberflächenintegrals schreiben und erhalten, wenn wir die kugelsymmetrische, statische Metrik (2.44) mit (2.49) und (2.50) in die v. FREUDschen Superpotentiale $\boldsymbol{U}_{k\vee}^{lm}$ einsetzen,

$$P_0 = (C + 1)\cdot 2\,B/\lambda\,, \tag{2.68}$$

so daß also aktive schwere Masse und träge Masse in der JORDAN-DICKEschen Theorie im allgemeinen verschieden sind, das starke Äquivalenzprinzip also gebrochen ist. Das gilt schon für Massenpunkte, da für solche Gebilde C ungleich Null ist.

Anstelle von (2.68) hätte man eigentlich ein anderes Ergebnis erwarten sollen.

Bekanntlich kann man für stationäre Gravitationsfelder $\boldsymbol{R}_0^0$ in Form einer gewöhnlichen Divergenz schreiben, und es gilt, wenn die Metrik für $r \to \infty$ in (2.44) mit (2.49) und (2.50) übergeht,

$$2\int \boldsymbol{R}_0^0\,d^3x = \frac{2\,B}{\lambda}\,. \tag{2.69}$$

Nun ist aber

$$\int \boldsymbol{R}_0^0\, d^3x = \int \left[\frac{1}{2\,\psi}(\boldsymbol{T}_0^0 - \boldsymbol{T}_\alpha^\alpha) + \frac{1}{2}(\boldsymbol{Z}_0^0 - \boldsymbol{Z}_\alpha^\alpha)\, d^3x \right. \tag{2.70}$$

(über α von 1 bis 3 summiert).

Andererseits hat man für ein abgeschlossenes System zu fordern, daß die Integrale

$$\int \left[\frac{1}{\psi}\, \boldsymbol{T}_k^\alpha + \boldsymbol{t}_k^\alpha + \boldsymbol{Z}_k^\alpha\right] d^3x \qquad (\alpha = 1, 2, 3) \tag{2.71}$$

verschwinden. Damit kann man das Integral (2.70) umformen und erhält

$$\frac{2\,B}{\lambda} = 2 \int \boldsymbol{R}_0^0\, d^3x = \int [\psi^{-1}\, \boldsymbol{T}_0^0 + \boldsymbol{t}_0^0 + \boldsymbol{Z}_0^0]\, d^3x = P_0 \tag{2.72}$$

aber nicht (2.68).

Wo liegt der Fehler?

Die Integrale (2.71) können nach (2.65) in Oberflächenintegrale umgewandelt werden, und man überzeugt sich schnell davon, daß diese Oberflächenintegrale mit der Metrik (2.44), (2.49), (2.50) nicht verschwinden, unsere Umformung des Integrals $\int \boldsymbol{R}_0^0\, d^3x$ also nicht zulässig ist.

Wenn jedoch die Integrale (2.71) nicht verschwinden, bedeutet das, daß eine insulare Materieverteilung (T_k^l nur in einer Weltröhre mit endlichen Raumschnitten $\neq 0$) nach der Jordan-Dickeschen Theorie kein abgeschlossenes System bildet.

Anders ausgedrückt: Die Größen

$$P_k = \int (\boldsymbol{T}_k^0 + \boldsymbol{t}_k^0 + \boldsymbol{Z}_k^0)\, d^3x \tag{2.73}$$

bilden keinen Vierervektor gegen Transformationen, die im Unendlichen gegen Lorentz-Transformationen gehen.

Will man dennoch in P_0 die träge Masse sehen, so ergibt sich, daß nach der Jordan-Dickeschen Theorie nicht mehr die aktive schwere Masse gleich der trägen Masse ist.

Aber: Während P_k nach der Einsteinschen Theorie für eine beschränkte Klasse von Koordinatensystemen eine sinnvolle Größe ist, verliert P_k in der Jordan-Dickeschen Theorie jede physikalische Bedeutung. Das alles zeigt, wie wenig sinnvoll die Formulierung aktive schwere Masse = passive schwere Masse = träge Masse als starkes Äquivalenzprinzip ist, wenn es sich um nicht-Newtonsche Gravitationsfelder handelt.

§ 3. Hoylesche Gravitationstheorie

Auch von Hoyle ist ein neues Skalarfeld eingeführt worden. Seine Einführung ist durch Überlegungen zum Machschen Prinzip motiviert worden [12]. Große Bedeutung hat dieses sogenannte C-Feld für die Kosmologie der

HOYLEschen Theorie (hier verhindert es die kosmologische Singularität) und neuerdings in starken Gravitationsfeldern lokaler Inhomogenitäten im Kosmos [13].

Die Feldgleichungen und Bewegungsgesetze der HOYLEschen Theorie werden aus dem Variationsprinzip

$$\delta\left\{\int\left[\frac{1}{2G}R+\frac{1}{2}f\,g^{kl}\,C_k\,C_l\right]\sqrt{-g}\,d^4x-\Sigma\,m\int ds-\Sigma\,m\int C_k\frac{dx^k}{ds}\,ds\right\}=0 \tag{2.74}$$

abgeleitet. Dabei ist f eine Kopplungskonstante, deren Wert 10^{-28} und nach neueren Gestaltungen der Theorie 10^{-8} ist [20]. $C_k \equiv C_{,k}$ ist der Gradient des Skalarfeldes C. m ist die Ruhmasse der den Kosmos füllenden Teilchen; $\sum$ gibt die über sie zu erstreckende Summation an.

In der Struktur unterscheidet sich diese Theorie von der Skalar–Tensor-Theorie vom JORDAN-DICKEschen Typ. Während in der JORDAN-DICKEschen Theorie das Skalarfeld Bestandteil des Gravitationsfeldes ist und der Kopplungsterm im Variationsprinzip $\psi\,R$ (wenigstens in einer der durch konforme Transformationen der Metrik verbundenen Darstellungen der Theorie) lautet, ist in der HOYLEschen Theorie das C-Feld an die Materie über den Term $\Sigma\,m\int C_k\frac{dx^k}{ds}\,ds$ gekoppelt. Dieser Term ist aber ein vollständiges Differential und liefert bei der Variation der Weltlinien nur einen Beitrag an den Endpunkten. Das heißt, in der HOYLEschen Theorie kann herkömmliche Materie unter bestimmten Bedingungen in das Skalarfeld umgewandelt werden oder aus ihm entstehen. Solange jedoch die herkömmliche Materie existiert, ist ihre Bewegung durch den Term $\sum m \int ds$ bestimmt, was bedeutet, daß sich die Teilchen auf den Geodäten der durch die restliche Materie bestimmten Materie bewegen.

In der HOYLEschen Theorie ist also das schwache Äquivalenzprinzip für die herkömmliche Materie erfüllt, so lange sie existiert. Ebenso ist das starke Äquivalenzprinzip erfüllt, denn das Gravitationsfeld wird allein durch den metrischen Fundamentaltensor eines RIEMANNschen Raumes beschrieben und das C-Feld wird als neues Materiefeld betrachtet.

Seine Existenz demonstriert das C-Feld auch als Quelle des Gravitationsfeldes insofern, als in der HOYLEschen Theorie die Metrik eine andere Form als in der EINSTEINschen Theorie hat. Diese Abweichungen von den Metriken der EINSTEINschen Theorie sind in schwachen Feldern aber äußerst gering wegen der Kleinheit der Kopplungskonstanten f, so daß wir uns hier mit dieser Theorie nicht weiter beschäftigen wollen. In neuerer Zeit haben HOYLE und NARLIKAR eine Gravitationstheorie vorgeschlagen, die dem MACHschen Prinzip Rechnung trägt, d. h., in dieser Theorie ist die Masse, die Trägheit, eines Teilchens durch alle anderen Partikel des Kosmos bedingt [14].

Diese Theorie wird aus dem Variationsprinzip

$$\delta\left(\Sigma\sum_{a<b}\int\int\tilde{G}(A,B)\,da\,db\right)=0 \tag{2.75}$$

abgeleitet.

Bis zum Ende dieses Paragraphen vereinbaren wir folgende Schreibweise: $a, b, \ldots$ bezeichnen einzelne Teilchen. $A, B, \ldots$ ist ein typischer Punkt auf der Weltlinie des Teilchens $a, b, \ldots$, der die Koordinaten $a^{i_A}, b^{i_B}, \ldots$ hat $(i_A, i_B, \ldots = 1, \ldots, 4)$.

Entlang der Weltlinie des Teilchens a ist die Eigenzeit in A durch

$$da^2 = g_{i_A k_A}\, da^{i_A}\, da^{k_A} \tag{2.76}$$

gegeben, wobei g_{ik} die Metrik eines RIEMANNschen Raumes ist, in dem sich die Teilchen bewegen.

$\tilde{G}(A, B)$ gibt die Trägheitswirkung von A auf B und umgekehrt $\left(\tilde{G}(A, B) = \tilde{G}(B, A)\right)$ und wird durch die konforminvariante Wellengleichung

$$g^{i_X k_X} \tilde{G}(X, A)_{;i_X k_X} + \frac{1}{6} R(X)\, \tilde{G}(X, A) = -(-\bar{g})^{-1/2}\, \delta^4(X, A) \tag{2.77}$$

bestimmt.

X ist ein beliebiger Punkt im RIEMANNschen Raum, dessen Krümmungsskalar an dieser Stelle den Wert $R(X)$ hat. Ferner ist $\bar{g}$ die Determinante des Parallelpropagators $\bar{g}_{i_A k_X}$.

Die Variation von (2.75) nach den Weltlinien der Teilchen liefert ihre Bewegungsgleichungen. Sie lauten

$$\frac{d}{da}\left(m_a \frac{da^{i_A}}{da}\right) + m_a \begin{Bmatrix} i_A \\ k_A\, l_A \end{Bmatrix} \frac{da^{k_A}}{da} \frac{da^{l_A}}{da} - g^{i_A k_A} \frac{\partial m_a}{\partial a^{k_X}} = 0\,. \tag{2.78}$$

Hierbei ist die träge Masse m_a eines Teilchens durch die sogenannten Massenfunktionen $m^{(b)}$ der übrigen Teilchen

$$m^{(b)}(X) = -\int \tilde{G}(X, B)\, db \tag{2.79}$$

in der Form

$$m_a(A) = \sum_{b \neq a} m^{(b)}(A) \tag{2.80}$$

bestimmt.

Die Geometrie wird durch die Variation der g_{ik}, die in (2.75) über $\tilde{G}(A, B)$ eingehen, bestimmt. Es ergeben sich die Gleichungen

$$\begin{aligned}
&\left(R_{ik} - \frac{1}{2} g_{ik}\right)\left(\sum_{a<b}\sum m^{(a)} m^{(b)}\right) + 3\, g_{ip}\, g_{kq}\, T^{pq} - \\
&- \sum_{a<b}\sum \left[m^{(a)} \left(g_{ik}\, g^{pq}\, m^{(b)}{}_{;pq} - m^{(b)}{}_{;ik}\right) + m^{(b)} \left(g_{ik}\, g^{pq}\, m^{(a)}{}_{;pq} - m^{(a)}{}_{;ik}\right)\right] - \\
&- 2 \sum_{a<b}\sum \left[m^{(a)}{}_{;i}\, m^{(b)}{}_{;k} + m^{(a)}{}_{;k}\, m^{(b)}{}_{;i} - \frac{1}{2} g_{ik}\, m^{(a);l}\, m^{(b)}{}_{;l}\right] = 0\,,
\end{aligned} \tag{2.81}$$

wobei der Energie–Impuls-Tensor eines N-Teilchen-Systems in der üblichen Weise durch

$$T^{pq}(X) = \sum_a \int \delta^4(X, A)\, [-\bar{g}(X, A)]^{-1/2}\, m_a \frac{da^{i_A}}{da} \frac{da^{k_A}}{da}\, \bar{g}^p_{i_A}\, \bar{g}^q_{k_A}\, da \tag{2.82}$$

definiert ist.

HOYLE und NARLIKAR bemerken, daß die Gleichungen (2.78) und (2.81) bei einer Transformation

$$g^*_{kl} = \Omega^2 g_{ik} \tag{2.83}$$

konforminvariant sind, wenn die Massenfunktion wie folgt transformiert wird:

$$m^{*(a)} = \Omega^{-1} m^{(a)} . \tag{2.84}$$

Ω ist dabei eine beliebige Funktion des Weltpunktes.

Mit $[g_{ik}, m^{(a)}, m^{(b)}, \ldots]$ ist also auch $[g^*_{ik}, m^{*(a)}, m^{*(b)}, \ldots]$ eine Lösung von (2.78) und (2.81). Nach HOYLE und NARLIKAR sind diese Lösungen physikalisch äquivalent.

Ist die Teilchenzahl so groß, daß man das N-Teilchen-System als Kontinuum betrachten kann, dann kann überall $\sum_{b \neq a} m^{(b)}$ durch $\sum_b m^{(b)}$ (smooth-fluid-approximation) ersetzt werden, und die Gleichungen (2.81) erhalten, wenn man

$$m(X) \equiv \sum_a m^{(a)}(X) \tag{2.85}$$

setzt, die Form

$$\frac{1}{2} m^2 \left(R_{ik} - \frac{1}{2} g_{ik} R\right) + 3\, T_{ik} - m\,(g_{ik}\, g^{pq}\, m_{;pq} - m_{;ik}) - \\ - 2\left(m_{;i}\, m_{;k} - \frac{1}{4} m_{;l}\, m^{;l}\, g_{ik}\right) = 0 , \tag{2.86}$$

während für m aus (2.77) die Gleichung

$$\frac{1}{m} \Box\, m + \frac{1}{6} R = \frac{1}{m^2} T \tag{2.87}$$

folgt.

Die Gleichungen (2.86) und (2.87) haben große Ähnlichkeit mit den Feldgleichungen der Skalar-Tensor-Theorie vom JORDAN-DICKEschen Typ. Man kann sagen, daß man in der HOYLE-NARLIKAR-Theorie im Falle der smoth-fluid-approximation eine Skalar-Tensor-Theorie mit einem Skalarfeld m vor sich hat, während man im strengen Fall eine Skalar-Tensor-Theorie mit mehreren Skalarfeldern $m^{(b)}$ hat. Darauf haben PIRANI und DESER [15] hingewiesen.

Bemerkenswert ist die Form der Bewegungsgleichungen (2.78). Die Ruhmassen aller Teilchen können durch eine Konformtransformation nicht mehr gleichzeitig konstant gemacht werden. Man kann im allgemeinen nur durch eine Konformtransformation erreichen, daß sich ein Teilchen auf einer Geodäten bewegt und konstante Ruhmasse hat. Alle anderen Teilchen bewegen sich dann nicht mehr auf Geodäten, d. h., daß in der HOYLE-NARLIKAR-Theorie das schwache Äquivalenzprinzip nicht mehr in Strenge gilt.

Um in ihrer Theorie Rotverschiebung, Lichtablenkung und Periheldrehung zu diskutieren, haben HOYLE und NARLIKAR den freien Konformfaktor so gewählt, daß

$$\sum_b m^{(b)} = m_0 = \text{const} \tag{2.88}$$

ist. Es soll nun die Geometrie in der Umgebung eines Teilchens (es wird das Teilchen 1 gewählt) unter der Voraussetzung bestimmt werden, daß in der Umgebung dieses Teilchens keine weiteren vorhanden sind, in größerer Entfernung sich jedoch viele Teilchen befinden, so daß hier die smooth-fluid-approximation angewandt werden kann:

$$2 \sum_{1<b<c} \sum m^{(b)} m^{(c)} = \Big[\sum_{b \neq 1} m^{(b)}\Big]^2 - \sum_{b \neq 1} [m^{(b)}]^2 \approx \Big[\sum_{b \neq 1} m^{(b)}\Big]^2 .$$

Bezeichnet man die Massenfunktion $m^{(1)}$ mit μ, so ergeben sich unter diesen Voraussetzungen die Gleichungen

$$\left(\frac{1}{2} m_0^2 - \mu^2\right)\left(R_{ik} - \frac{1}{2} g_{ik} R\right) = -3 T_{ik} + \mu \left(\mu_{;ik} - g^{mn} \mu_{;mn} g_{ik}\right) - 2\left(\mu_{;i} \mu_{;k} - \frac{1}{4} \mu^{;l} \mu_{;l} g_{ik}\right). \tag{2.89}$$

HOYLE und NARLIKAR setzen nun voraus, daß außerhalb des Teilchens in seinem Ruhsystem die Geometrie kugelsymmetrisch und statisch ist und auch μ nur von r abhängt. Für diesen Massenpunkt geben sie die Lösung

$$ds^2 = \left(1 - \frac{p}{r}\right)^2 dt^2 - \left(1 - \frac{p}{r}\right)^{-2} dr^2 - r^2 \, d\Omega^2 \tag{2.90}$$

mit

$$\mu = m_0 \, p/r - p \tag{2.91}$$

und

$$2 \pi m_0 p = 1 \tag{2.92}$$

an.

Aus (2.90) liest man

$$\gamma = -2, \qquad \delta = 1, \qquad \beta = 0, \qquad \alpha = 2 \tag{2.93}$$

ab ((s. 1.20).)

Hier ist p als aktive schwere Masse des Teilchens zu interpretieren, während $m_0 - \mu_{r=0} = 2 m_0$ die träge Masse ist.

Würde man die Sonne als solchen Massenpunkt auffassen und annehmen, daß die Bahn der Planeten nicht wesentlich von einer Geodäten abweicht, was nach Abschätzungen von HOYLE und NARLIKAR zutreffen sollte, dann ergäbe sich für die Lichtablenkung der EINSTEINsche Wert, während die Periheldrehung 5/6 des EINSTEINschen Wertes erreicht, d. h., die Periheldrehung ist um rund 17% kleiner als der EINSTEINsche Wert, was nach den Abschätzungen von DICKE gerade noch im Bereich des Möglichen liegen sollte. Nach HOYLE und NARLIKAR sollte man den Wert für die Periheldrehung, der wesentlich durch $(p/r)^2$ beeinflußt wird, dem EINSTEINschen Wert annähern können, wenn man beachtet, daß die Sonne ein System von $n \approx 10^{57}$ Teilchen ist.

HOYLE und NARLIKAR zeigen nämlich, daß der Term $\sim r^{-1}$ in (2.90) durch den Energie–Impuls-Tensor, der Term $\sim r^{-2}$ aber durch μ erzeugt wird.

Als aktive schwere Masse hätte man dann für ein System mit n Teilchen $n\,p$ zu setzen. Für ein n-Teilchen-System ist außerhalb aber in (2.89) μ der Beitrag von nur einem Teilchen, so daß nach HOYLE und NARLIKAR in diesem Fall

$$g_{00} = 1 - \frac{2\,n\,p}{r} - \frac{1}{n}\left(\frac{n\,p}{r}\right)^2 \qquad (2.94)$$

gelten soll.

Man sieht, daß jetzt für $n \to \infty$ die Periheldrehung den EINSTEINschen Wert erreicht.

Bemerkenswert ist, daß auch nach dieser Theorie die Periheldrehung kleiner als die der EINSTEINschen Theorie ist, so daß sie vielleicht mit der Magnetohydrodynamik magnetischer Sterne in Konflikt kommen könnte [10].

Literatur

[1] NORDSTRÖM, G.: Ann. Phys. **42** (1913), 533.
v. LAUE, M.: Jahrb. d. Radioak. u. Elektronik **14** (1917), 163.

[2] EINSTEIN A,. und A. D. FOKKER: Ann. Phys. **44** (1914), 321.

[3] TREDER, H.-J.: LORENTZ-Gruppe, EINSTEIN-Gruppe und Raumstruktur in „EINSTEIN-Symposium 1965“, Berlin 1966, p. 57.

[4] Siehe z. B. DICKE, R. H.: Remarks on the Observational Basis of General Relativity, in H. Y. CHIU and W. F. HOFFMANN, Gravitation and Relativity. New York and Amsterdam 1964, p. 1.

[5] JORDAN, P.: Schwerkraft und Weltall. Braunschweig 1952 u. 1955.

[6] PAULI, W.: Ann. Phys. **18** (1933), 305.

[7] FIERZ, M.: Helv. Phys. Acta **29** (1956), 128.

[8] JORDAN, P.: Zeitschr. Phys. **157** (1959), 112.

[9] BRANS, C. und R. H. DICKE: Phys. Rev. **124** (1961), 925.

[10] STEENBECK, M. und F. KRAUSE: Astron. Nachrichten **291** (1969), 49.

[11] FREUNDLICH, E. F.: Vistas in Astronomie (ed. A. BEER), Vol. I, London.

[12] HOYLE, F.: Proc. Roy. Soc. **A 273** (1963), 1.

[13] HOYLE, F. und J. V. NARLIKAR: Proc. Roy. Soc. **A 290** (1966), 143.

[14] HOYLE, F. und J. V. NARLIKAR: Proc. Roy. Soc. **A 282** (1964), 190.
HOYLE, F. und J. V. NARLIKAR: Proc. Roy. Soc. **A 294** (1966), 138.

[15] DESER, S. und F. A. E. PIRANI: Proc. Roy. Soc. **A 288** (1965), 133.

[16] BERGMANN, P. G.: Comments on the Scalar-Tensor Theory. Intern. J. of Theor. Physics **1** (1968), 25.

[17] DICKE, R. H.: The Many Faces of Mach, in H. Y. CHIU and W. F. HOFFMANN, Gravitation and Relativity. New York und Amsterdam 1964, p. 121.

[18] DICKE, R. H.: The Significance for the Solar System of Time Varying Gravitation. Ebenda ,p. 242.

[19] LUDWIG, G.: Fortschritte der projektiven Relativitätstheorie. Braunschweig 1951.

[20] HOYLE, F.: Galaxis, Nuclei and Quasars. New York 1965.

[21] JORDAN, P.: Die Expansion der Erde. Braunschweig 1967.

KAPITEL 3. BIMETRISCHE THEORIEN UND TETRADENTHEORIEN

§ 1. Erweiterung der geometrischen Struktur

Im Rahmen des schwachen Äquivalenzprinzips ist es nicht erforderlich daran festzuhalten, daß das Gravitationsfeld durch ein symmetrisches Tensorfeld, das mit der Metrik g_{ik} identisch ist, *vollständig* beschrieben wird. Außer der Einführung eines zusätzlichen skalaren Feldes (s. Kap. 2) gibt es die Möglichkeit, andere geometrische Größen, die einer physikalischen Interpretation fähig sind, als für die vollständige Beschreibung des Gravitationsfeldes notwendige Größen einzuführen. Wir wollen uns hier mit Größen beschäftigen, die ihren Ursprung schon in der Geometrie der speziellen Relativitätstheorie haben. Es handelt sich einerseits um den metrischen Tensor η_{ik} des MINKOWSKI-Raumes selbst und andererseits um die Verallgemeinerung der Bezugssysteme der speziellen Relativitätstheorie.

Die MINKOWSKI-Metrik η_{ik} hat, gemessen in Bezug auf die durch die Inertialsysteme ausgezeichneten Vierbeine, die Komponenten η_{AB}. Die Vierbeine selbst haben dabei global die Gestalt $h_i^A = \delta_i^A$, so daß

$$\eta_{ik} = \eta_{AB}\, \delta_i^A\, \delta_k^B\,, \qquad \eta_{AB} = \begin{pmatrix} -1 & & & \\ & -1 & & \\ & & -1 & \\ & & & +1 \end{pmatrix} \quad \text{ist.} \tag{3.1}$$

Beliebig beschleunigte Bezugssysteme erhält man durch eine ortsabhängige LORENTZ-Transformation $\omega_B^A(x^i)$ der inertialen Bezugssysteme

$$h_i^A = \omega_B^A(x^k)\, \delta_i^B \qquad \text{(s. Kap. 4).} \tag{3.2}$$

Da der RIEMANNsche Krümmungstensor des MINKOWSKI-Raumes verschwindet, gibt es Tetraden, für die gilt

$$h_{i,k}^A = h_{k,i}^A\,. \tag{3.3}$$

Daher ist es immer möglich, die Bezugssysteme durch eine entsprechende holonome Koordinatentransformation $\bar{x}^i = \bar{x}^i(x^k)$ auf die Form $\bar{h}_i^A = \delta_i^A$ zu bringen. Das Koordinatensystem $\bar{x}^i$ korrespondiert zu dem durch δ_i^A gegebenen inertialen Bezugssystem. und kann mit ihm identifiziert werden. Dann ist jede LORENTZ-Transformation der Tetraden verbunden mit einer kontragredienten Transformation der Koordinaten. Die Theorie der Bezugssysteme in der speziellen Relativitätstheorie ist erschöpft, wenn die Art des Übergangs von den inertialen zu den beschleunigten Bezugssystemen bekannt ist. Dieser Übergang wird gerade durch die holonomen Koordinatentransformationen gegeben. Durch die Vektoren $h_i^A = \delta_i^A$ der Inertialsysteme ist ein ausgezeichneter Fernparallelismus gegeben, der mit dem euklidischen Paralleltransport identisch ist.

Während im MINKOWSKI-Raum die Metrik aus η_{AB} durch holonome Transformationen h_i^A $(h_{i,k}^A = h_{k,i}^A)$ hervorgehen kann, ist dies bei vorhandenem Gravitationsfeld nur durch anholonome h_i^A möglich. Die Bezugstetraden h_i^A definieren dann ein Anholonomieobjekt

$$\Delta^r_{\underset{\vee}{mn}} = \frac{1}{2} h^r_A (h^A_{m,n} - h^A_{n,m}) \tag{3.4}$$

und einen Fernparallelismus mit der Affinität

$$\Delta^r_{mn} = h^{Ar} h_{Am,n} \,. \tag{3.5}$$

Die im folgenden behandelten Theorien von ROSEN [1], KOHLER [2], MØLLER [3], PELLEGRINI, PLEBANSKI [4] und die im Teil B ausführlich behandelte Theorie von TREDER [5] stellen eine stufenweise Abschwächung des starken Äquivalenzprinzips dar. Das Charakteristische an allen Theorien ist, daß sie entweder die Metrik η_{ik} zusätzlich zu g_{ik} als Vergleichsmetrik des ebenen Raumes und als Metrik, in die g_{ik} asymptotisch für $r \to \infty$ übergeht, mitnehmen, oder die Tetraden h_i^A, die den Übergang vom ebenen zum gekrümmten Raum und von den inertialen Bezugssystemen des ebenen Raumes zu den ausgezeichneten Bezugssystemen des gekrümmten Raumes vermitteln, als physikalisch wesentliche Größen auffassen (s. Kap. 4).

In der speziellen Relativitätstheorie sind die inertialen Bezugssysteme und die in diesen gemessene Metrik η_{AB} gegeben. Die allgemeine Relativitätstheorie EINSTEINS verallgemeinert die inertialen Tetraden δ_i^A zu beliebigen Bezugstetraden h_i^A, so daß die Metrik des RIEMANNschen Raumes gegeben ist durch $g_{ik} = h_i^A h_k^B \eta_{AB}$. Von den h_i^A wird jedoch nur die symmetrische Kombination g_{ik} durch die Feldgleichungen festgelegt. Sechs Tetradenkomponenten bleiben beliebig wählbar, sie entsprechen den lokalen LORENTZ-Transformationen. In den Tetraden-Theorien, die auf Untersuchungen von EINSTEIN [6] über RIEMANNsche Räume und Fernparallelismus zurückgehen und von denen als Beispiel die Theorien von MØLLER, PELLEGRINI und PLEBANSKI näher betrachtet werden sollen, werden dagegen alle 16 Tetradenkomponenten fixiert.

Die ROSEN-KOHLERsche Theorie dagegen nimmt zusätzlich zum geometrischen Material der EINSTEINschen Theorie noch die 10 symmetrischen Kombinationen der Bezugstetraden der speziellen Relativitätstheorie hinzu:

$$\eta_{ik} = \eta_{AB}\, \delta_i^A\, \delta_k^B \,, \tag{3.6}$$

arbeitet also mit den symmetrischen Kombinationen der allgemeinen Bezugstetraden und der inertialen Bezugstetraden der speziellen Relativitätstheorie. Das impliziert natürlich auch die Kenntnis der inertialen Bezugstetraden δ_i^A überhaupt, da diese als KILLING-Vektoren von η_{ik} geometrisch ausgezeichnet sind.

Die TREDERsche Theorie arbeitet mit den Tetraden der speziellen Relativitätstheorie δ_i^A und den Bezugstetraden der MØLLERschen Theorie, so daß sie die Übergangsmatrizen von δ_i^A zu h_i^A bestimmt und natürlich auch die symmetrische Kombination der δ_i^A, die ebene Metrik η_{ik}, und der h_i^A, die RIEMANNsche Metrik g_{ik}, mit enthält, d. h., die TREDERsche Theorie unterscheidet sich hinsichtlich des benutzten geometrischen Materials von der ROSEN-KOHLERschen Theorie nur durch den Schritt, der in der Theorie von MØLLER, PELLEGRINI und PLEBANSKI in Verallgemeinerung der EINSTEINschen Theorie vollzogen wird. Sie ist die stärkste Abschwächung des starken Äquivalenzprinzips, während die ROSEN-KOHLERsche Theorie eine Mittelstellung zwischen der MØLLERschen und der EINSTEINschen Theorie einnimmt. Wegen ihres sowohl erkenntnistheoretisch wie physikalisch extremen Standpunktes über die Natur des Gravitationsfeldes, der sie grundsätzlich von anderen Erweiterungen der EINSTEINschen Gravitationstheorie unterscheidet, wird die TREDERsche Theorie gesondert dargestellt.

Bei jeder dieser Verallgemeinerungsmöglichkeiten im Rahmen des schwachen Äquivalenzprinzips werden der Mannigfaltigkeit V_4 reichhaltigere geometrische Strukturen aufgeprägt. Alle diese Theorien unterscheiden sich von der EINSTEINschen durch die Existenz eines in der einen oder anderen Weise ausgezeichneten Bezugssystems. Dementsprechend ist auch eine Definition von Energie und Impuls möglich. Die dabei benutzten ausgezeichneten Vektorfelder haben jedoch nichts mit den durch die Bewegungsgruppen des RIEMANNschen Raumes ausgezeichneten Vektorfeldern zu tun. Mit Hilfe der ausgezeichneten Tetraden ist es in den Theorien von MØLLER und TREDER dann auch möglich, die Spinorfelder in direkter Weise in die Theorie einzuführen.

§ 2. Theorie von ROSEN und KOHLER

Die Theorie von ROSEN und KOHLER nimmt außer den g_{ik} noch die Existenz der zweiten, ebenen Metrik η_{ik} an. Man kann das auch so auffassen, daß außer dem RIEMANNschen Raum mit der Metrik g_{ik} noch ein ebener Raum η_{ik} gegeben ist und Punkte mit gleichen Koordinaten aufeinander abzubilden sind.

Das ist äquivalent einer Mannigfaltigkeit V_4, der zwei Tensorfelder g_{ik} und η_{ik} aufgeprägt sind, wenn die zu dem ebenen Raum gehörige Mannigfaltigkeit homeomorph zu der zu dem RIEMANNschen Raum gehörigen Mannigfaltigkeit ist. Die mehr physikalische Interpretation ist, daß ein Vergleich des realen Raumes mit dem Raum, den man bei Abwesenheit von Gravitationsfeldern hätte, vorgenommen wird.

Mit den beiden Metriken hat man die Linienelemente:

$$ds^2 = g_{ik}\, dx^i\, dx^k\,, \qquad d\sigma^2 = \eta_{ik}\, dx^i\, dx^k\,. \tag{3.7}$$

Mit Hilfe dieser beiden Metriken lassen sich die zugehörigen kovarianten Ableitungen, die die Gleichungen

$$g_{ik;l} = 0 \qquad \text{bzw.} \qquad \eta_{ik\perp l} = 0 \tag{3.8}$$

erfüllen, definieren. Die Differenz der Christoffel-Symbole $\left\{ {l \atop m\,n} \right\}$ und der Affinität Γ^l_{0mn} der kovarianten Ableitung bezüglich der Metrik η_{ik} ist ein Tensor

$$D^l_{mn} = \left\{ {l \atop m\,n} \right\} - \Gamma^l_{0mn}. \tag{3.9}$$

In dem Koordinatensystem, in welchem $\Gamma^l_{0mn} = 0$ ist (wir wollen diese Koordinaten Normalkoordinaten nennen), stimmen $\left\{ {l \atop m\,n} \right\}$ und D^l_{mn} überein; die kovariante Ableitung bezüglich η_{ik} wird zur gewöhnlichen Ableitung. Daraus ergibt sich allgemein für den Tensor D^i_{mn} in einem beliebigen Koordinatensystem der entsprechend geschriebene kovariante Ausdruck

$$D^l_{mn} = \frac{1}{2} g^{al} \left(g_{ma\perp n} + g_{na\perp m} - g_{mn\perp a}\right), \tag{3.10}$$

da (3.10) in Normalkoordinaten mit (3.9) übereinstimmt.

Es ist evident, daß es mit Hilfe dieser zweiten kovarianten Ableitung nun leicht möglich ist, Größen, die in der allgemeinen Relativitätstheorie nur Affintensoren sind, zu Tensoren zu erweitern, in dem man einfach die gewöhnliche Ableitung in den Affintensoren durch die Ableitung bezüglich η_{ik} ersetzt.

Diese Tensoren stimmen dann in den Normalkoordinaten mit den entsprechenden Affintensoren überein. Dabei ist noch von der Ersetzung

$$\sqrt{-g} \to \sqrt{g/\gamma}, \qquad (g = \det g_{ik}, \qquad \gamma = \det \eta_{ik}) \tag{3.11}$$

Gebrauch zu machen.

Der Ricci-Tensor läßt sich jetzt durch reine Tensoroperationen mit Hilfe von D^l_{mn} und η_{ik} bilden. Da der Raum der Metrik η_{ik} eben ist, läßt sich global $\Gamma^l_{0mn} = 0$ erreichen. Damit gilt auch wegen (3.9) in diesen Koordinaten

$$D^l_{mn\perp s} = D^l_{mn,s} = \left\{ {l \atop m\,n} \right\}_{,s}. \tag{3.12}$$

Und für den Ricci-Tensor folgt

$$R_{mn} = -D^a_{mn\perp a} + D^a_{am\perp n} - D^a_{ab}\,D^b_{mn} + D^a_{bm}\,D^b_{an}. \tag{3.13}$$

Da in diesem Ausdruck nur Tensoren eingehen, ist er in jedem Koordinatensystem gültig.

Die Gleichung der geodätischen Linie

$$\frac{d^2x^i}{ds^2} + \left\{ {i \atop r\,s} \right\} \frac{dx^r}{ds} \frac{dx^s}{ds} = 0 \tag{3.14}$$

geht mit (3.9) über in

$$\frac{d^2x^i}{ds^2} + \Gamma^i_{0rs}\frac{dx^r}{ds}\frac{dx^s}{ds} = -D^i_{rs}\frac{dx^r}{ds}\frac{dx^s}{ds}.$$

Da in Normalkoordinaten $\Gamma^i_{0rs} = 0$ ist, d. h., die Trägheitskräfte Null sind, repräsentiert $-D^i_{rs}\frac{dx^r}{ds}\frac{dx^s}{ds}$ die Gravitationskräfte. Das bedeutet, daß wir in dieser Theorie der Gravitationsfeldstärke einen Tensor zuordnen können, wobei g_{ik} das zugehörige Tensorpotential ist und η_{ik} das Tensorpotential der Scheinkräfte repräsentiert. Geodätische Koordinaten, in denen an einem Punkt $\left\{ {l \atop m\,n} \right\} = 0$ gesetzt wird, bedeuten, daß lokal die Trägheitskräfte $\Gamma^i_{0rs}\frac{dx^r}{ds}\frac{dx^s}{ds}$ den Gravitationskräften $-D^i_{rs}\frac{dx^r}{ds}\frac{dx^s}{ds}$ gleich sind.

Wenn wir als Feldgleichungen der Gravitation die EINSTEINschen übernehmen, so lassen sie sich gemäß (3.13) mit Hilfe unserer tensoriellen Gravitationsfeldstärke formulieren:

$$R_{ik} - \frac{1}{2}g_{ik}R = -\varkappa T_{ik}. \tag{3.15}$$

Der wesentliche Punkt für diese Möglichkeit ist dabei die in (3.9) vorgenommene Trennung von Trägheit und Gravitation.

Da man mit den EINSTEINschen Gleichungen auch die Identität

$$\left(R^{ik} - \frac{1}{2}g^{ik}R\right)_{;k} = 0 \tag{3.16}$$

hat, kann man in der EINSTEINschen Theorie noch vier Koordinatenbedingungen stellen, z. B. die DE DONDER-Bedingungen:

$$(\sqrt{-g}\,g^{ik})_{,k} = 0. \tag{3.17}$$

In unserem Falle haben wir zur weiteren Festlegung von g_{ik} und η_{ik} die Grenzbedingung

$$\lim_{r\to\infty} g_{ik} = \eta_{ik} \tag{3.18}$$

zur Verfügung. Das reicht jedoch noch nicht aus, um die Gestalt von η_{ik} relativ zu g_{ik} festzulegen. Man kann immer noch durch vier Koordinatentransformationen, die (3.18) nicht verletzen, η_{ik} relativ zu g_{ik} willkürlich von einem vorgegebenen η_{ik} bei dem g_{ik} (3.18) erfüllt ausgehend, verändern.

Als Beispiel möge das kugelsymmetrische Linienelement

$$\left.\begin{aligned} ds^2 &= -A^2\,d\bar{r}^2 - \bar{r}^2(d\Theta^2 + \sin^2\Theta\,d\varphi^2) + V^2(dx^0)^2 \\ d\sigma^2 &= -d\bar{r}^2 - \bar{r}^2(d\Theta^2 + \sin^2\Theta\,d\varphi^2) + (dx^0)^2, \quad \lim_{\bar{r}\to\infty} A = 1, \quad \lim_{r\to\infty} V(\bar{r}) \to 1 \end{aligned}\right\} \tag{3.19}$$

dienen. Das aus der ebenen Metrik η_{ik} durch die Transformation $r = \varrho(\bar{r})$ folgende ebene Linienelement

$$d\sigma^2 = -\left(\frac{\partial\varrho}{\partial\bar{r}}\right)^2 d\bar{r}^2 - \varrho^2 (d\Theta^2 + \sin^2\Theta\, d\varphi^2) + (dx^0)^2 \tag{3.20}$$

erfüllt die Grenzbedingungen (3.18) für jedes entsprechende $\varrho(\bar{r})$, wenn nur gilt:

$$\lim_{\bar{r}\to\infty} A = \lim_{\bar{r}\to\infty} \frac{\partial\varrho}{\partial\bar{r}}, \qquad \lim_{\bar{r}\to\infty} \varrho = \bar{r}\,. \tag{3.21}$$

Das bedeutet, daß wir entsprechend den vier beliebigen Koordinatentransformationen noch vier kovariante Zusatzbedingungen benötigen, um auch η_{ik} relativ zu g_{ik} eindeutig festzulegen. Die Lösung g_{ik}, η_{ik} des um diese vier Zusatzbedingungen erweiterten Feldgleichungssystems wäre dann bis auf beliebige Koordinatentransformationen fixiert. Die Wahl einer solchen Zusatzbedingung erscheint etwas künstlich und ist nicht eindeutig. Man kann sie mit Hinweis auf die Theorie des schwachen Gravitationsfeldes in Anlehnung an die DE DONDER-Bedingung der EINSTEINschen Theorie wählen, indem man diese mit Hilfe der kovarianten Ableitung bezüglich η_{ik} kovariant schreibt

$$\left(\sqrt{\frac{g}{\gamma}}\, g^{ik}\right)_{\perp k} = 0\,. \tag{3.22}$$

Es bleibt jedoch prinzipiell unbefriedigend, daß sich diese Bedingung nicht notwendig aus der Theorie ergibt. Weiter ist es unbefriedigend, außer den g_{ik} noch neue Feldgrößen η_{ik}, die zur vollständigen Bestimmung der Gravitation notwendig sein sollen, einzuführen, wobei diese neuen Feldgrößen dann jedoch in den eigentlichen Feldgleichungen überhaupt nicht auftreten, sondern nur durch eine Zusatzbedingung mit ihnen verknüpft werden.

Insbesondere gehen die η_{ik} ja auch nicht in die Bewegungsgleichungen ein. Deshalb ist eine eindeutige Festlegung der η_{ik} bei vorgegebenen g_{ik} besonders wichtig, denn sonst gäbe es Situationen, die bezüglich des Gravitationsfeldes und seiner Feldgrößen g_{ik}, η_{ik} verschieden sind, aber prinzipiell nicht durch die Bewegung von Teilchen unterscheidbar wären. In der ROSEN-KOHLERschen Theorie würden zwei Lösungen mit gleichem g_{ik} aber verschiedenem η_{ik} nach (3.9) nur eine andere Aufspaltung der auf die Teilchen wirkenden Kräfte in Trägheits- und Gravitationskräfte in der Bewegungsgleichung (3.14) bedeuten. — Da die Bewegungsgleichungen schon aus dem schwachen Äquivalenzprinzip folgen, gilt der obige Einwand für jede Theorie, die mit mehr Feldgrößen der Gravitation als den zehn g_{ik} arbeitet, diese aber nicht bis auf Koordinatentransformationen festlegt.

Man kann nun die Feldgleichungen der Gravitation in der ROSEN-KOHLERschen Theorie aus einem Wirkungsprinzip herleiten. Im Unterschied zur EINSTEINschen Theorie kann man jetzt jedoch einen Skalar bilden, der bilinear in den Gravitationsfeldstärken D^m_{rs} ist und nur die ersten Ableitungen enthält. Dazu braucht man nur den entsprechenden Affinskalar der EINSTEINschen Theorie

$$\tilde{\boldsymbol{L}} = \sqrt{-g}\, g^{mn} \left[\left\{ {r \atop m\,n} \right\} \left\{ {s \atop r\,s} \right\} - \left\{ {r \atop m\,s} \right\} \left\{ {s \atop n\,r} \right\} \right], \tag{3.23}$$

der die EINSTEINschen Gleichungen liefert, nur als Dichte in Normalkoordinaten mit $\Gamma^r_{0\,mn} = 0$ aufzufassen. Mit (3.9) folgt dann, daß die Variation des Ausdrucks

$$\int \sqrt{-g}\, g^{ik} (D^r_{ik} D^s_{rs} - D^r_{is} D^s_{kr})\, d^4x \tag{3.24}$$

nach den g_{ik} die EINSTEINschen Feldgleichungen liefert, da das in Normalkoordinaten für (3.23) der Fall ist.

Die Zusatzbedingungen (3.22) folgen nicht aus diesem Variationsprinzip. Bei dieser speziellen Wahl der LAGRANGE-Funktion liefert die Variation nach den η_{ik} gerade keine neuen Gleichungen, sondern die RICCI-Identität (3.16).

Um im Rahmen der bimetrischen Theorie zu einem in sich geschlossenen Feldgleichungssystem zu kommen, ist es deshalb notwendig, von einer allgemeineren LAGRANGE-Funktion, die gebildet ist aus den g_{ik}, η_{ik} und deren Ableitungen, auszugehen. Diese LAGRANGE-Funktion und die zugehörigen Feldgleichungen sind jedoch im Rahmen der ROSEN-KOHLERschen Theorie keineswegs eindeutig bestimmt. Wenn man sich auf LAGRANGE-Funktionen für das Variationsprinzip beschränkt, die in Normalkoordinaten homogen- quadratische skalare Affindichten in den Ableitungen der $\boldsymbol{g}^{ik}$ sind und einen Energie-Impuls-Tensor des Gravitationsfeldes liefern, der symmetrisch ist, so hat man (im Normalkoordinaten-System) die folgenden unabhängigen Affindichten zur Verfügung:

$$\boldsymbol{L}_1 = g_{mn}\, g_{rs}\, g^{lt}\, \boldsymbol{g}^{mr}{}_{,l}\, \boldsymbol{g}^{ns}{}_{,t} \left(\sqrt{-g}\right)^{-1},$$

$$\boldsymbol{L}_2 = g_{mn}\, g_{rs}\, g^{lt}\, \boldsymbol{g}^{mn}{}_{,l}\, \boldsymbol{g}^{rs}{}_{,t} \left(\sqrt{-g}\right)^{-1},$$

so daß

$$\boldsymbol{L} = \lambda_1 \boldsymbol{L}_1 + \lambda_2 \boldsymbol{L}_2\,. \tag{3.25}$$

Dabei sind λ_1, λ_2 beliebige Konstanten. Es gibt außer diesen Affindichten noch drei weitere, die jedoch keinen symmetrischen Energie-Impuls-Tensor des Gravitationsfeldes liefern. Die Theorie wurde mit der allgemeinen LAGRANGE-Dichte (3.25) von KOHLER [2] durchgeführt. Man erhält in Normalkoordinaten die folgenden Feldgleichungen:

$$\left(\boldsymbol{L}^s_{rk}\, \boldsymbol{g}^{ri} - \frac{1}{2}\, \delta^i_k\, \boldsymbol{L}^s_{rm}\, \boldsymbol{g}^{rm}\right)_{,s} = \varkappa\, (\boldsymbol{T}^i_k + \boldsymbol{t}^i_k)\,, \tag{3.26}$$

$$\left(\boldsymbol{L}^r_{mk}\, \boldsymbol{g}^{mi} - \frac{1}{2}\, \boldsymbol{L}^r_{nm}\, \boldsymbol{g}^{nm}\, \delta^i_k\right)_{,ir} = 0\,, \tag{3.27}$$

wobei $\boldsymbol{T}^i_k = \sqrt{-g}\, T^i_k$ die Dichte des Materietensors,

$$\boldsymbol{t}^i_k = -\frac{1}{\varkappa} (\boldsymbol{L}\, \delta^i_k + \boldsymbol{L}^i_{ms}\, \boldsymbol{g}^{ms}{}_{,k}) \tag{3.28}$$

die Energie-Impulstensordichte des Gravitationsfeldes und

$$\boldsymbol{L}^i_{mn} = \left(\frac{\partial \boldsymbol{L}}{\partial \boldsymbol{g}^{mn}{}_{,i}} + \frac{\partial \boldsymbol{L}}{\partial \boldsymbol{g}^{nm}{}_{,i}}\right), \qquad \boldsymbol{g}^{mn} = \sqrt{-g}\, g^{mn} \tag{3.29}$$

ist. Die Gleichungen (3.26) folgen aus der Variation nach g_{ik}, die Gleichungen (3.27) aus der nach η_{ik}. Aus der Gleichung (3.26) folgt unmittelbar das Verschwinden der Divergenz:

$$(\boldsymbol{T}^i_k + \boldsymbol{t}^i_k)_{,i} = 0\,. \tag{3.30}$$

Die Gleichung (3.30) repräsentiert den differentiellen Erhaltungssatz für Energie und Impuls in Normalkoordinaten.

Die Gültigkeit des schwachen Äquivalenzprinzips ist durch die Feldgleichungen (3.26), (3.27) gewährleistet. Aus (3.26), (3.27) folgt nach einiger Umrechnung

$$T^{ik}{}_{;k} = 0\,. \tag{3.31}$$

Das bedeutet, die Feldgleichungen für g_{ik} und η_{ik} sind gerade so, daß bei ihrer Gültigkeit der Materie-Tensor, die man gemäß (3.26) aus den Feldgleichungen berechnet, divergenzfrei ist. Umgekehrt ist, wenn der Materie-Tensor divergenzfrei ist, die Feldgleichung (3.27) für η_{ik} identisch erfüllt, d. h. die zusätzlichen Feldgleichungen für η_{ik} sind in der Kohlerschen Theorie gerade so gewählt, daß die damit verbundene Einschränkung der willkürlichen Wahl von η_{ik} bei festem g_{ik} der Einschränkung entspricht, daß das Feld g_{ik} entsprechend (3.26) einen divergenzfreien Tensor ergeben soll (man kann die Gleichungen für η_{ik} ja auch als vier Nebenbedingungen für g_{ik} bei beliebigen η_{ik} auffassen). Die Kohlersche Nebenbedingung zur Festlegung der η_{ik} hat also einen echten physikalischen Inhalt, sie garantiert die Gültigkeit des schwachen Äquivalenzprinzips. In der Kohlerschen Theorie ist es jedoch im Gegensatz zur Einsteinschen Theorie nicht möglich, die Felder g_{ik} und η_{ik} beliebig vorzugeben und dann die dazugehörige Materie auszurechnen, sondern es müssen immer die vier Nebenbedingungen (3.27) erfüllt sein.

Für die Größen $\boldsymbol{L}^m_{rs}$ erhält man gemäß (3.29) mit der Lagrange-Funktion $\boldsymbol{L}(\lambda_1, \lambda_2)$ den Ausdruck

$$\boldsymbol{L}^r_{mn} = \frac{1}{2\sqrt{-g}}(\lambda_1\, g_{ms}\, g_{nk}\, g^{ri}\, \boldsymbol{g}^{sk}{}_{,i} + \lambda_2\, g_{mn}\, g^{ri}\, \boldsymbol{g}^{sk}{}_{,i}\, g_{sk})\,. \tag{3.32}$$

Im Falle schwachen Feldes ergeben sich dann mit (3.26) und (3.28) die Feldgleichungen

$$(\boldsymbol{L}^r_{mn})_{,r} = \varkappa\left(T_{mn} - \frac{1}{2}\, T\, g_{mn}\right), \tag{3.33}$$

wobei das schwache Feld dadurch charakterisiert ist, daß

$$g_{mn} = \tilde{\eta}_{mn} + \gamma_{mn}\,, \qquad \sqrt{-g} = 1 + \frac{\gamma^n_n}{2}\,, \qquad \gamma_{mn} \ll 1 \tag{3.34}$$

und Glieder zweiten Grades in den ersten Ableitungen von g_{mn} weggelassen werden. $\tilde{\eta}_{mn}$ ist der Minkowski-Tensor. Mit diesen Annahmen folgt dann aus (3.33)

$$\lambda_1 \Box \gamma^n_m + \lambda_2 \delta^n_m \Box \gamma^r_r = -2\varkappa T^n_m \tag{3.35}$$

bzw. mit

$$\lambda_1 \gamma^n_m + \lambda_2 \delta^n_m \gamma^r_r \equiv \psi^n_m ,$$

$$\Box \psi^n_m = -2\varkappa T^n_m . \tag{3.36}$$

Damit ergibt sich, wenn (3.39) gilt, für das Linienelement im Falle einer statischen, kohärenten Materieverteilung, deren Materietensor als divergenzfrei angenommen wird, was der Erfüllung der Gleichungen (3.27) für η_{ik} entspricht:

$$ds^2 = -\left(1 - \frac{2-\lambda_1}{\lambda_1}\frac{2\Phi}{c^2}\right)\left((dx^1)^2 + (dx^2)^2 + (dx^3)^2\right) + \left(1 + \frac{2\Phi}{c^2}\right)(dx^0)^2 . \tag{3.37}$$

Bei $\lambda_1 = 1$ erhält man Übereinstimmung mit der entsprechenden Näherung für das schwache Feld in der EINSTEINschen Theorie.[1]) Die Forderung, daß die Energiedichte t^0_0 des Feldes positiv ist, ergibt für die Konstante λ_1 die Einschränkung

$$3/4 \leqq \lambda_1 < 3/2 , \qquad 3/2 < \lambda_1 \leqq 2 . \tag{3.38}$$

Damit in (3.37) bei $(dx^0)^2$ die übliche für die Rotverschiebung notwendige Näherung steht, muß zwischen den Konstanten λ_2 und λ_1 die Beziehung

$$\lambda_2 = \frac{\lambda_1(\lambda_1 - 2)}{2(3 - 2\lambda_1)} \tag{3.39}$$

bestehen. Daraus ergibt sich für λ_1 die Einschränkung

$$\lambda_1 \neq 3/2 . \tag{3.40}$$

Die Entscheidung über den Wert der Konstanten λ_1 ist nun durch die Lichtablenkung und die Periheldrehung gegeben. Für die Lichtablenkung ergibt sich

$$\Delta\psi = \frac{1}{\lambda_1}\Delta\psi_{\text{Einstein}} , \tag{3.41}$$

und $\lambda_1 = 1$ entspricht wieder dem EINSTEINschen Wert.

Für die Periheldrehung benötigt man g_{00} bis zur zweiten Näherung. Die konkrete Rechnung mit den Feldgleichungen (3.26) liefert in der zweiten Näherung

$$\left.\begin{aligned} g_{00} &= \left(1 + \frac{2\Phi}{c^2}\frac{\delta\Phi^2}{c^4}\right), \\ -\delta &= \frac{20\lambda_1^3 - 83\lambda_1^2 + 101\lambda_1 - 36}{\lambda_1^2(4\lambda_1 - 5)} , \end{aligned}\right\} \tag{3.42}$$

so daß sich für die Periheldrehung mit (1.20) und (1.21)

$$\Delta\varphi = m\pi(u_1 + u_2)\left[\frac{4}{\lambda_1} - \frac{\delta}{2}\right] \tag{3.43}$$

ergibt. Für $\lambda_1 = 1$ erhält man wieder den EINSTEINschen Wert.

[1]) Φ ist das NEWTONsche Potential.

Wie man sieht, hängt die Perihelbewegung stark von λ_1 ab.

Für $\lambda_1 < 1$ ist $\Delta\varphi$ immer positiv, bei kleiner werdendem λ_1 wird $\Delta\varphi$ jedoch wesentlich größer als der EINSTEINsche Wert. Für $\lambda_1 = 0{,}9$ ergibt sich für die Lichtablenkung und die Periheldrehung

$$\Delta\psi = 1{,}90'' , \qquad \Delta\varphi = 1{,}15\, \Delta\varphi_{\text{Einstein}} .$$

In der vorliegenden Theorie erscheint die LAGRANGE-Funktion mit dem Wert $\lambda_1 = 1$ sowohl wegen ihrer mathematisch einfacheren Form als auch wegen ihrer vollkommenen Übereinstimmung mit der EINSTEINschen Theorie in den niedrigsten Näherungen für das schwache Feld ausgezeichnet. Die Theorie stimmt jedoch auch für $\lambda_1 = 1$ nicht vollständig mit der EINSTEINschen Theorie überein, sie weicht sowohl für den Fall starken Feldes als auch schon für die höhere Näherung des schwachen Feldes von der EINSTEINschen Theorie ab.

In der Theorie von ROSEN und KOHLER ist es möglich, Erhaltungssätze für Energie, Impuls, Drehimpuls und Schwerpunkt anzugeben. Die Gleichung (3.30), die in dieser Form nur in Normalkoordinaten gilt, lautet in einem beliebigen Koordinatensystem

$$(\boldsymbol{T}^i_k + \boldsymbol{t}^i_k)_{\perp i} = 0 . \tag{3.44}$$

Während in der EINSTEINschen Theorie die Größe $\boldsymbol{T}^i_k + \boldsymbol{t}^i_k$ ein Pseudotensor ist, aus dem man nur integrale Erhaltungssätze, die an eine bestimmte Klasse von Koordinatensystemen gebunden sind, bekommen kann, ist die Gleichung (3.44) in der ROSEN-KOHLERschen Theorie eine echte Tensorgleichung. Da der Raum η_{ik} eben ist, existieren auch 10 KILLING-Vektoren, für die gilt:

$$\xi^A_{m\perp n} + \xi^A_{n\perp m} = 0 , \qquad A = 1, 2, \ldots, 10 . \tag{3.45}$$

Damit erhält man aus (3.44) in üblicher Weise die 10 strengen Erhaltungssätze für die Größen:

$$P^A = \int_\Sigma (\boldsymbol{T}^i_k + \boldsymbol{t}^i_k)\, \xi^A_i \, d\Sigma^k . \tag{3.46}$$

Die Gravitationsenergie ist lokalisierbar, da die Energie-Impulsdichte $\boldsymbol{t}^i_k$ eine echte Tensordichte ist. Es ist jedoch sehr fraglich, ob man die Größen P^A als eine Verallgemeinerung von Energie, Impuls, Drehimpuls und Schwerpunkt der speziellen Relativitätstheorie ansehen kann, denn die KILLING-Vektoren ξ^A_m sind ja erzeugende von Bewegungsgruppen im Raum mit der Metrik η_{ik} und nicht in dem RIEMANNschen Raum mit der Metrik g_{ik}, in dem die Bewegung der materiellen Körper im Einklang mit dem Äquivalenzprinzip zu erfolgen hat. Es kommt hier noch hinzu, daß es auch keine physikalischen Teilchen gibt, deren Bewegung direkt zur Messung der Metrik η_{ik} benutzt werden könnte.

§ 3. Tetradentheorien

Wenn man in der EINSTEINschen Theorie Bezugstetraden einführt, so wird durch die Feldgleichungen doch nur die Metrik

$$g_{ik} = h_i^A\, h_k^B\, \eta_{AB}\,, \qquad A, B = 1, 2, 3, 4 \tag{3.47}$$

bestimmt. Die Tetraden bleiben willkürlich bis auf beliebige ortsabhängige LORENTZ-Rotationen; die Theorie ist invariant gegenüber dieser Transformationsgruppe. Eine Formulierung der EINSTEINschen Theorie in Form von Tetraden bringt physikalisch nichts Neues mit sich.

EINSTEIN hat nun schon 1928 angeregt [6], auch die restlichen 6 Kombinationen der Tetraden als physikalisch wesentliche Größen einzuführen. Seine ursprüngliche Idee war dabei, eine einheitliche Feldtheorie von Gravitation und Elektrizität zu erhalten, indem er 6 zusätzliche Feldgrößen als die Feldgrößen des MAXWELLschen Feldes auffaßte und die zu ihrer Festlegung notwendigen Gleichungen so wählte, daß sie für das schwache Feld den MAXWELLschen Feldgleichungen entsprechen.

Die sich ergebende Theorie kann dann nur noch invariant gegenüber ortsunabhängigen LORENTZ-Transformationen der Tetraden sein. Die Struktur des zugrunde liegenden RIEMANNschen Raumes wird dann bereichert durch die Existenz eines Fernparallelismus, der es ermöglicht, Längen und Richtungen an verschiedenen Punkten des Raumes miteinander zu vergleichen. Zwei physikalische Größen (z. B. Vektoren) sind gleich, wenn ihre bezüglich der Tetraden h_i^A gemessenen Komponenten gleich sind[1]):

$$A^A(P_2) = h_i^A\, A^i{}_{|P_2} = A^A(P_1) = h_i^A\, A^i{}_{|P_1}\,. \tag{3.48}$$

Der fernparallele Transport von Vektoren ist gerade dadurch charakterisiert, daß sich die bezüglich der Tetraden gemessenen Komponenten dabei nicht ändern. Aus dieser Forderung erhält man für die zu dem fernparallelen Transport gehörige Affinität Δ^r_{mn}:

$$\left.\begin{aligned} dA^A &= A^A_{,n}\, dx^n = h_i^A\, A^i_{|n}\, dx^n = h_i^A\, (A^i_{,n} + \Delta^i_{rn}\, A^r)\, dx^n = 0\,, \\ \Delta^r_{mn} &= h^{Ar}\, h_{Am,n} \end{aligned}\right\} \tag{3.49}$$

(„|“ bezeichnet dabei die kovariante Ableitung bezüglich der Affinität Δ^r_{mn}).

Charakteristisch ist, daß die fernparallele Ableitung der Tetraden

$$h^A_{m|n} = h^A_{m,n} - \Delta^r_{mn}\, h^A_r \tag{3.50}$$

wegen (3.49) identisch verschwindet. Das bedeutet, daß der mit (3.49) gebildete RIEMANN-Tensor identisch verschwindet. Dafür ist jedoch der Torsionstensor:

$$\Delta_{r\underset{\vee}{mn}} \equiv \frac{1}{2}\, h_r^A\, (h_{Am,n} - h_{An,m}) \tag{3.51}$$

ungleich Null, d. h., die Affinität Δ^r_{mn} ist nicht symmetrisch. Der Torsionstensor charakterisiert den bei Addition der Parallelogrammvektoren nach

[1]) Für eine ausführliche Diskussion s. das folgende Kapitel 4, §§ 1 u. 2.

parallelem Transport zu einem Punkt P längs eines infinitesimalen Parallelogramms auftretenden Schließfehler und es gilt

$$A_{m|nr} - A_{m|rn} = -2\, A_{m|s}\, \Delta^{s}_{\underset{\vee}{mn}} \,. \tag{3.52}$$

Da außer der Affinität Δ^{r}_{mn} noch die CHRISTOFFEL-Affinität $\left\{ {r \atop m\,n} \right\}$ existiert, gibt es einen Tensor, den RICCIschen Rotationstensor, der die Differenz der beiden Affinitäten ist:

$$\gamma^{m}_{nr} = \Delta^{m}_{nr} - \left\{ {m \atop n\,r} \right\} . \tag{3.53}$$

Sein unsymmetrischer Anteil ist der Torsionstensor (3.51).

Für die ursprünglich von EINSTEIN vorgeschlagene einheitliche Feldtheorie für Gravitation und Elektrizität wurde später von EINSTEIN und MAYER [7] gezeigt, daß die Feldgleichungen im statischen, kugelsymmetrischen Fall nicht kompatibel mit der SCHWARZSCHILD-Lösung sind. Im Zusammenhang mit der weiteren Untersuchung von kompatiblen Feldgleichungen [9] wurden auch Feldgleichungen aufgestellt, die von der allgemeinen LAGRANGE-Funktion

$$\boldsymbol{H} = \sqrt{-g}\,(\alpha_1 H_1 + \alpha_2 H_2 + \alpha_3 H_3) \tag{3.54}$$

mit den schon von WEITZENBÖCK [8] untersuchten Invarianten

$$H_1 = R\,, \qquad H_2 = \Delta^{k}{}_{\underset{\vee}{ik}}\, \Delta_{\underset{\vee}{r}}{}^{ir}\,, \qquad H_3 = S_i^{mn}\, S^{i}_{mn}\,,$$

ausgehen, wobei

$$S_{mni} = \Delta_{\underset{\vee}{imn}} + \Delta_{\underset{\vee}{mni}} + \Delta_{\underset{\vee}{nim}}$$

und R der Krümmungsskalar ist.

Im Zusammenhang mit dem Problem des Energie–Impuls-Erhaltungssatzes in der allgemeinen Relativitätstheorie kehrte MØLLER [3] erneut zu der Möglichkeit eines RIEMANNschen Raumes mit Fernparallelismus zurück. Der Ausgangspunkt von MØLLER ist die Tatsache, daß es prinzipiell nicht möglich ist, im Rahmen der EINSTEINschen Theorie einen Energie–Impuls-Komplex zu konstruieren, der zu einem integral erhaltenen Energie–Impuls-Vierervektor mit dem richtigen Transformationsverhalten bei allen linearen Koordinatentransformationen führt. Mit Hilfe der ausgezeichneten Tetradenfelder ist es jedoch möglich, einen Energie–Impuls-Komplex zu konstruieren, der diese Forderungen erfüllt. MØLLER benutzt für seine Theorie als Feldgleichungen die um 6 Zusatzbedingungen erweiterten EINSTEINschen Gleichungen. Die EINSTEINschen Gleichungen werden aus einem Variationsprinzip mit der LAGRANGE-Funktion

$$\boldsymbol{L} = \sqrt{-g}\, R = \boldsymbol{L}_0 + \boldsymbol{Z} \tag{3.55}$$

hergeleitet, wobei $\boldsymbol{Z}$ in der Form einer Divergenz einer Vektordichte geschrieben werden kann und $\boldsymbol{L}_0$ durch

$$\boldsymbol{L}_0 = \sqrt{-g}\,(h^{s}_{A;r}\, h^{A\,r}{}_{;s} - h^{r}_{A;r}\, h^{A\,s}{}_{;s}) \tag{3.56}$$

gegeben ist. Den differentiellen Erhaltungssatz für den Materietensor

$$T^{mn}{}_{;n} = 0 \tag{3.57}$$

kann man mit Hilfe der EINSTEINschen Gleichungen

$$E^{mn} \equiv R^{mn} - \frac{1}{2} g^{mn} R = - \varkappa T^{mn} \tag{3.58}$$

und der Variationsableitung der LAGRANGE-Funktion L_0 in der Form

$$(\sqrt{-g}\, T^n_m)_{,n} = \frac{1}{2\varkappa} h^{An}{}_{,m} \frac{\delta L_0}{\delta h^{An}} \tag{3.59}$$

schreiben. Daraus folgt, daß für die affine Tensordichte

$$\theta^n_m = \sqrt{-g}\,(T^n_m + t^n_m) \tag{3.60}$$

mit

$$\sqrt{-g}\, t^n_m = \frac{1}{2\varkappa}\left(\frac{\partial L_0}{\partial h^{Ar}{}_{,n}} h^{Ar}{}_{,m} - \delta^n_m L_0\right) \tag{3.61}$$

der differentielle Erhaltungssatz

$$\theta^n_{m,n} = 0 \tag{3.62}$$

gilt. Die affine Tensordichte (3.60) läßt sich für die LAGRANGE-Funktion L_0 aus dem Superpotential

$$U^{nr}_m = - U^{rn}_m = \frac{\sqrt{-g}}{\varkappa} [h^n_A\, h^{Ar}{}_{;m} + (\delta^n_m\, h^{Ar} - \delta^r_m\, h^{An})\, h^s_{A;s}] \tag{3.63}$$

herleiten. Da das Superpotential eine echte Tensordichte vom Rang 3 ist, transformiert sich U^{nr}_0 bei rein räumlichen Transformationen der Koordinaten

$$\bar{x}^i = \bar{x}^i(x^k)\,, \qquad \bar{x}^0 = x^0 \tag{3.64}$$

wie eine antisymmetrische Tensordichte vom Rang 2. Dadurch wird $\theta^k_0 = U_0{}^{kr}{}_{,r}$ wie eine echte Vektordichte transformiert, und die Energie in einem endlichen Volumen V_3,

$$P_0 = \int_{V_3} \theta^0_0\, dx^1\, dx^2\, dx^3\,, \tag{3.65}$$

wird unabhängig von der Wahl der räumlichen Koordinaten, d. h., die Energie ist lokalisierbar.

Für ein abgeschlossenes System, bei dem die Metrik im Unendlichen die üblichen Grenzbedingungen erfüllt, sind die Größen

$$P_i = \int_{V_3} \theta^0_i\, dx^1\, dx^2\, dx^3 \tag{3.66}$$

in asymptotisch kartesischen Koordinaten zeitlich konstant und transformieren sich bei linearen Koordinatentransformationen wie die kovarianten Komponenten eines freien Vektors. Das Superpotential (3.63) und die affine Tensordichte (3.60) stimmen im statischen, kugelsymmetrischen Fall in isotropen Koordinaten mit dem EINSTEINschen Superpotential und dem EINSTEINschen Energie–Impuls-Pseudo-Tensor überein, in allgemeineren Koordinatensystemen jedoch nicht. Der Energie–Impuls-Komplex (3.60) ist jedoch nicht eindeutig fixiert, so lange nicht alle Komponenten der Tetraden festgelegt sind. Es sind noch beliebige ortsabhängige LORENTZ-Transformationen der Tetraden, die im Unendlichen genügend stark gegen konstante Werte gehen und (3.60) ändern, möglich. Erst durch das zusätzliche System der 6 Feldgleichungen

$$\xi^{r}_{ik} \equiv \gamma_{ik}{}^{r}{}_{;r} + \gamma_{ikr}\,\gamma^{sr}{}_{s} = 0 \tag{3.67}$$

und durch die in asymptotisch kartesischen Koordinaten formulierten Randbedingungen

$$h^{m}_{A}(x^{i}) \to \delta^{m}_{A} \quad \text{für} \quad r \to \infty\,,$$

$$\lim_{r\to\infty}\left[\frac{\partial\,\{r\,(h^{m}_{A} - \delta^{m}_{A})\}}{\partial r} + \frac{1}{c}\,\frac{\partial}{\partial t}\,\{r\,(h^{m}_{A} - \delta^{m}_{A})\}\right] = 0 \tag{3.68}$$

für alle $t_0 = t + r/c$, werden die Tetraden eindeutig festgelegt.

Man kann nun versuchen, die 6 Gleichungen (3.67) mit dem elektromagnetischen Feld in Verbindung zu bringen; MØLLER machte dazu für das elektromagnetische Feld den Ansatz

$$F_{mn} = \text{const}\cdot\xi_{mn}\,. \tag{3.69}$$

Diese Interpretation der zusätzlichen 6 Feldgleichungen für die Tetraden liegt in der ursprünglich von EINSTEIN angestrebten Richtung. Konsequenter ist jedoch die Auffassung, daß die Bezugstetraden im Zusammenhang mit Spinorfeldern prinzipiell notwendige und zu fixierende geometrische Größen sind, die erst zusammen mit der Metrik eine vollkommende Beschreibung des Gravitationsfeldes erlauben. Diese Möglichkeit wurde z. B. von PELLEGRINI und PLEBANSKI [4] verfolgt. Sie knüpften an die Betrachtungen von WEITZENBÖCK [8] über die möglichen Invarianten eines Vierbeinfeldes an und gehen von der allgemeinsten möglichen LAGRANGE-Funktion aus, die eine Funktion der h^{A}_{m} und bilinear in den ersten Ableitungen der h^{A}_{m} sowie eine skalare bzw. pseudoskalare Dichte bezüglich Koordinatentransformationen und LORENTZ-Transformationen mit konstanten Koeffizienten ist. Man erhält dann unter Benutzung des LEVI-CIVITA-Symbols ε^{iklm} sieben pseudoskalare Invarianten, die sich mit Hilfe des Torsionstensors $\Delta^{r}_{\underset{\vee}{mn}}$ in der folgenden Form darstellen lassen:

$$\left.\begin{aligned}
I_1 &= \sqrt{-g}\,\Delta^{s}{}_{\underset{\vee}{rs}}\,\Delta_{t}{}^{\underset{\vee}{rt}}\,, &\qquad \hat{I}_1 &= \varepsilon^{krnm}\,g^{il}\,\Delta_{r\underset{\vee}{ik}}\,\Delta_{m\underset{\vee}{ln}}\,,\\
I_2 &= \sqrt{-g}\,\Delta_{r\underset{\vee}{ik}}\,\Delta^{i\underset{\vee}{rk}}\,, &\qquad \hat{I}_2 &= \varepsilon^{iknm}\,g^{rl}\,\Delta_{r\underset{\vee}{ik}}\,\Delta_{m\underset{\vee}{ln}}\,,\\
I_3 &= \sqrt{-g}\,\Delta_{r\underset{\vee}{ik}}\,\Delta^{r\underset{\vee}{ik}}\,, &\qquad \hat{I}_3 &= \varepsilon^{ilnm}\,g^{kr}\,\Delta_{r\underset{\vee}{ik}}\,\Delta_{m\underset{\vee}{ln}}\,,\\
\hat{I}_4 &= \varepsilon^{iklm}\,g^{rn}\,\Delta_{r\underset{\vee}{ik}}\,\Delta_{n\underset{\vee}{lm}}\,.
\end{aligned}\right\} \tag{3.70}$$

Die Größen I_1, I_2, I_3 sind auch pseudoskalar bezüglich globaler LORENTZ-Transformationen. Zwischen den Invarianten $\hat{I}_1$, $\hat{I}_2$, $\hat{I}_3$, $\hat{I}_4$ bestehen die Beziehungen

$$\hat{I}_2 = \hat{I}_3 - \frac{1}{2}\hat{I}_4, \qquad \hat{I}_1 = -\hat{I}_3 + \frac{1}{2}\hat{I}_4. \tag{3.71}$$

Außerdem läßt sich $\hat{I}_4$ als Divergenz schreiben, ist also für das Variationsprinzip ohne Belang. Die allgemeinste LAGRANGE-Funktion hat dann die Form

$$\boldsymbol{L}^{(a)} = \sum_{i=1}^{3} b^i I_i + b^4 \hat{I}_3 \tag{3.72}$$

und hängt von vier beliebigen Konstanten ab. Die Forderung, daß die aus dieser LAGRANGE-Funktion folgende Theorie, die NEWTONsche Gravitationstheorie als Grenzfall enthält, reicht nicht aus, um die LAGRANGE-Funktion eindeutig festzulegen. Es lassen sich nun die Fälle ausschließen, die in erster Näherung nicht zu einer vollständigen Festlegung der Tetraden führen. Unter diesen Gesichtspunkten beschränkten sich PELLEGRINI und PLEBANSKI auf die Untersuchung der LAGRANGE-Funktion

$$\boldsymbol{L} = k_1 \boldsymbol{L}_0 + k_2 \hat{I}_3, \qquad \boldsymbol{L}_0 \text{ wie in (3.56)}. \tag{3.73}$$

Die resultierenden Ergebnisse für die erste Näherung und den statischen, kugelsymmetrischen Fall ändern sich nicht, wenn man zu dieser LAGRANGE-Funktion noch einen Term

$$k_3 \left(I_2 - \frac{1}{2} I_3\right)$$

hinzunimmt. Die LAGRANGE-Funktion (3.73) ist nur invariant gegenüber eigentlichen globalen LORENTZ-Transformationen der Tetraden. Fügt man in (3.73) noch die LAGRANGE-Funktion $\boldsymbol{L}^{(B)}$ und $\boldsymbol{L}^{(F)}$ für BOSE-Felder und FERMI-Felder hinzu, so erhält man durch Variation des Wirkungsintegrals W nach h_i^A:

$$\delta W = \delta \int \boldsymbol{L}\, d^4x = \int \sqrt{-g}\,(k_1 E^r_A + k_2 F^r_A + T^{(B)r}_A + T^{(F)r}_A)\, \delta h^A_r\, d^4x, \tag{3.74}$$

wobei

$$E^r_A = \frac{\delta \boldsymbol{L}_0}{\delta h^A_r} \cdot \frac{1}{\sqrt{-g}}$$

entsprechend (3.55) der EINSTEIN-Tensor ist,

$$T^{(B)r}_A = \frac{1}{\sqrt{-g}} \frac{\delta \boldsymbol{L}^{(B)}}{\delta h^A_r}, \qquad T^{(F)r}_A = \frac{1}{\sqrt{-g}} \frac{\delta \boldsymbol{L}^{(F)}}{\delta h^A_r} \tag{3.75}$$

die metrischen Materietensoren für die BOSE- bzw. FERMI-Felder sind und

$$F^r_A = \frac{1}{\sqrt{-g}} \frac{\delta \hat{I}_3}{\delta h^A_r} \tag{3.76}$$

ist. Der untere Index bezieht sich dabei jeweils auf den Raum der Tetraden. Die explizite Rechnung für den Term F^r_A ergibt dann mit (3.74) die folgende Form der Feldgleichungen:

$$\begin{aligned}\sqrt{-g}\cdot k_1 E^{ik} + k_2 [(- \Delta_{d\underset{\vee}{s}r}\, \varepsilon^{ksrd})^{;i} - 2\, \varepsilon^{kirs}\, \Delta^{l}_{\underset{\vee}{r}l;s} + \varepsilon^{ksrd}\, \Delta_{d\underset{\vee}{s}r}\, \Delta_{l}{}^{il}_{\vee} - \\ - \varepsilon^{rsod}\, \Delta_{d\underset{\vee}{s}o}\, \gamma^{ki}_{r} + \varepsilon^{krst}\, \Delta^{i}{}_{\underset{\vee}{s}t}\, \Delta^{l}{}_{\underset{\vee}{r}l} - \varepsilon^{rsbd}\, \Delta_{d\underset{\vee}{s}b}\, \Delta^{k}{}_{\underset{\vee}{r}.}{}^{i} + \\ - \frac{1}{2} g^{ik}\, \varepsilon^{rstl}\, \Delta_{d\underset{\vee}{t}l}\, \Delta^{d}{}_{\underset{\vee}{r}s}] = - \sqrt{-g}\, (T^{(B)ik} + T^{(F)ik})\,. \end{aligned} \tag{3.77}$$

Das ist ein Gleichungssystem von 16 Gleichungen für die Bezugstetraden h_i^A, da der Tensor F^{ik} nicht symmetrisch ist. Die Konstante k_1 ist mit der reziproken Gravitationskonstante $1/\varkappa$ identisch, wie der Vergleich mit der Newtonschen Theorie zeigt; die Konstante k_2 charakterisiert die Kopplung des antisymmetrischen Teils des Materietensors der Fermi-Felder an das Gravitationsfeld:

$$k_2 F^{\underset{\vee}{ik}} = - T^{(F)\underset{\vee}{ik}}\,. \tag{3.78}$$

Der unsymmetrische Teil des Materietensors der Fermi-Felder wäre hiernach gerade verantwortlich für die Fixierung der zusätzlichen 6 Freiheitsgrade der Bezugstetraden. Wie wir sehen werden, bedingt jedoch das Nichtverschwinden des antisymmetrischen Teils von $T^{(F)ik}$ eine Verletzung des schwachen Äquivalenzprinzips.

Wenn man die Variation der Lagrange-Funktion (3.73) bei einer infinitesimalen Koordinatentransformation

$$\bar{x}^i = x^i + \zeta^i(x^k) \tag{3.79}$$

betrachtet und berücksichtigt, daß sich die h_{Ai} dabei gemäß

$$\delta h_{Ai} = - h_{Ak}\, \xi^k_{,i} - h_{Ai,k}\, \xi^k \tag{3.80}$$

ändern, so sieht man leicht, daß die Feldgleichungen (3.74) die allgemeine Identität

$$k_1 E^{ik}{}_{;i} + k_2 (F^{ki}{}_{;i} - F^{ri}\, \gamma_{ri}{}^{k}) = 0 \tag{3.81}$$

implizieren. Analog erhält man, wenn man berücksichtigt, daß wegen der Gültigkeit der Feldgleichungen für die Bose- und Fermi-Felder die Variation der Lagrange-Funktionen der Materiefelder nur von der Variation der h_i^A abhängt, für die Materietensoren $T^{(B)ik}$, $T^{(F)ik}$ die Identität

$$T^{(B)ik}{}_{;k} = 0\,, \qquad T^{(F)ik}{}_{;k} - T^{(F)rk}\, \gamma_{rk}{}^{i} = 0\,. \tag{3.82}$$

In den Gleichungen (3.81) und (3.82) wurde dabei noch von den Beziehungen (3.49), (3.80), (3.53) Gebrauch gemacht.

Die Gleichungen (3.81), (3.82) stellen im allgemeinen Fall eine Verletzung des schwachen Äquivalenzprinzips dar. Wegen der Antisymmetrie der $\gamma_{mnr} = h^A_m\, h_{An;r}$ in m und n ergibt sich jedoch die übliche dynamische Gleichung, wenn der Materietensor der FERMI-Felder $T^{(F)ik}$ (3.75) symmetrisch ist. Das ist dann der Fall, wenn $\boldsymbol{L}^{(F)}$ eine echte skalare Dichte auch bezüglich ortsabhängiger LORENTZ-Transformationen ist und dementsprechend explizit nur von den g_{ik} abhängt.

In der Tat führt ja, wie oben ausgeführt, das schwache Äquivalenzprinzip in der Form, daß lokal die Verhältnisse der speziellen Relativitätstheorie gefordert werden, gerade zu solchen Feldgleichungen, deren LAGRANGE-Funktionen die obige Eigenschaft besitzen. Bei dieser wohl allgemein akzeptierten Voraussetzung läuft die Theorie von PELLEGRINI und PLEBANSKI eigentlich leer und stellt keinen Fortschritt gegenüber der Theorie von MØLLER dar.

Ebenso wie in MØLLERS Theorie kann man für die allgemeine LAGRANGE-Funktion (3.72) einen Energie–Impuls-Komplex herleiten. Man erhält ihn am einfachsten, wenn man sich überlegt, daß sich die LAGRANGE-Funktion, die bilinear in den Ableitungen der h_i^A ist, allgemein schreiben lassen muß in der Form

$$\boldsymbol{L}^{(a)} = \frac{1}{4}\sqrt{-g}\, L_{A}{}^{\underset{\vee}{ik}}{}_{B}{}^{\underset{\vee}{mn}} (h^A_{i,k} - h^A_{k,i})(h^B_{m,n} - h^B_{n,m}) , \tag{3.83}$$

wobei

$$L_{A}{}^{\underset{\vee}{ik}}{}_{B}{}^{\underset{\vee}{mn}} = L_{B}{}^{\underset{\vee}{mn}}{}_{A}{}^{\underset{\vee}{ik}} \tag{3.84}$$

ein Tensor bezüglich beliebiger Koordinatentransformationen ist, der von den h_i^A abhängt. Die Variation von $\boldsymbol{L}^{(a)}$ zusammen mit der Variation der LAGRANGE-Funktion der Materiefelder nach h_i^A ergibt

$$\sqrt{-g}\, T^i_A = \frac{\partial}{\partial h^A_i}\left(\sqrt{-g}\, L_{C}{}^{\underset{\vee}{mn}}{}_{B}{}^{\underset{\vee}{rs}}\right) h^C_{m;n}\, h^B_{r;s} - 2\left[\sqrt{-g}\, L_{A}{}^{\underset{\vee}{id}}{}_{B}{}^{\underset{\vee}{rs}} h^B_{r;s}\right]_{,d} . \tag{3.85}$$

Die Symmetrieeigenschaften von $L_{A}{}^{\underset{\vee}{ik}}{}_{B}{}^{\underset{\vee}{rs}}$ implizieren dann den differentiellen Erhaltungssatz

$$\Theta^i_{A;i} = (t^i_A + T^i_A)_{;i} = 0 \quad \text{mit} \quad \sqrt{-g}\, t^i_A = \frac{\partial}{\partial h^A_i}\left(\sqrt{-g}\, L_{C}{}^{\underset{\vee}{mn}}{}_{B}{}^{\underset{\vee}{rs}}\right) h^C_{m;n}\, h^B_{r;s}, \tag{3.86}$$

wobei

$$\Theta^i_A = U_{A}{}^{\underset{\vee}{id}}{}_{;d} \qquad \text{und} \qquad U_{A}{}^{\underset{\vee}{id}} = 2\, L_{A}{}^{\underset{\vee}{id}}{}_{B}{}^{\underset{\vee}{rs}}\, h^B_{r;s} \tag{3.87}$$

ist. Bei Integration von (3.86) über den dreidimensionalen Raum V_3 verschwindet das Integral über die dreidimensionale Divergenz, wenn die Ableitungen der h_i^A im Unendlichen hinreichend rasch verschwinden $(0(1/r))$, so daß sich die integralen Erhaltungsgrößen

$$P_A = \int_{\Sigma_3} \sqrt{-g}\, \Theta^i_A\, d\Sigma_i \tag{3.88}$$

ergeben. Mit Hilfe des Superpotentials (3.87) kann man sie durch Integrale über eine Oberfläche im Räumlich-Unendlichen darstellen:

$$P_A = \int_{(\Sigma_3)} \sqrt{-g}\, U_{A}{}^{\underset{\vee}{oi}}\, n_i\, dS \tag{3.89}$$

Die Größen P_A stellen den direkt auf die Bezugssysteme h_i^A bezogenen Energie-Impuls-Vektor dar; sie sind bezüglich konstanter LORENTZ-Transformationen der Bezugssysteme ein LORENTZ-Vektor und hängen nicht von der Wahl des Koordinatensystems ab.

Man kann die Erhaltungssätze ebenso auch in der üblichen Form formulieren, indem man von (3.87) zu den Superpotentialen

$$U_n{}^{lm}_{\vee} = \sqrt{-g}\, h_n^A\, U_A{}^{lm}_{\vee} \tag{3.90}$$

übergeht. Für $k_2 = 0$ ergibt (3.90) genau das MØLLERsche Superpotential (3.63) mit dem daraus folgenden MØLLERschen Energie–Impuls-Komplex. Man sieht, daß die Beschränkung auf asymptotisch-kartesische Koordinatensysteme und lineare Koordinatentransformationen im Zusammenhang mit dem Energie-Impuls-Pseudo-Tensor im wesentlichen äquivalent ist mit der Einführung von Bezugstetraden, bezüglich derer Energie und Impuls gemessen und für die nur noch konstante LORENTZ-Transformationen zugelassen werden[1]).

Für den wichtigen Fall statischer, kugelsymmetrischer Materieverteilung nehmen die Feldgleichungen (3.77) die Form

$$k_1\, E^{mn} + k_2\, F^{\underline{mn}} = -\, T^{(B)\,mn}\,, \tag{3.91}$$

$$k_2\, F^{mn}_{\vee} = 0 \tag{3.92}$$

an. In isotropen Koordinaten erhält man das kugelsymmetrische Linienelement

$$ds^2 = A(r)\,(dx^0)^2 - B(r)\,[(dx^1)^2 + (dx^2)^2 + (dx^3)^2] \tag{3.93}$$

durch den Ansatz

$$h_A^m = h^m\, \delta_A^m\,, \qquad h^0 = A^{-1/2}\,, \qquad h^1 = h^2 = h^3 = B^{-1/2}\,, \tag{3.94}$$

der gleichzeitig die Gleichung (3.92) erfüllt und für den auch $F^{\underline{mn}}$ identisch verschwindet. Damit reduzieren sich die Feldgleichungen auf die EINSTEINschen Gleichungen, und die Lösung von (3.91), (3.92) wird die SCHWARZSCHILD-Lösung mit der durch (3.93) und (3.94) gegebenen Festlegung der Tetraden. Das gleiche Ergebnis erhält man in der MØLLERschen Theorie im Zusammenhang mit den Zusatzbedingungen (3.67).

Damit erfüllen die besprochenen Tetradentheorien für symmetrische Materietensoren nicht nur das schwache Äquivalenzprinzip, sondern liefern auch für die Rotverschiebung, die Periheldrehung und die Lichtablenkung die gleichen Werte wie die EINSTEINsche Theorie.

§ 4. Lineare Gravitationstheorie

Unter der Mannigfaltigkeit bimetrischer Feldtheorien sind auch lineare Gravitationstheorien, wie sie von J. BELINFANTE u. a. [10, 11, 12] studiert wurden. Wichtigster Term in den Feldgleichungen ist der Wellenoperator $\Box\, g_{ik}$. Aus den einfachsten Vakuumgleichungen

$$\Box\, g_{ik} = 0 \tag{3.95}$$

[1]) S. hierzu auch das folgende Kapitel 4, § 1.

folgen die EINSTEINschen Werte für Lichtablenkung und Rotverschiebung, wenn nur eine Massenkonstante für das statische kugelsymmetrische Feld eingeführt wird. Für die Perihelbewegung ergibt sich

$$\Delta\varphi = \frac{4}{3}\,\Delta\varphi_{\text{Einstein}}\,,$$

also ein Drittel mehr als der EINSTEINsche Wert. — Das allgemeine statische kugelsymmetrische Feld hängt von 2 Konstanten ab. In geeigneten Koordinaten ist

$$g_{11} = g_{22} = g_{33} = -\left(1 + \frac{\alpha\, m}{r}\right), \quad g_{00} = 1 - \frac{2\, m}{r}\,. \tag{3.96}$$

(3.95) ist die lineare Näherung der EINSTEIN-ROSENschen Gleichungen mit der DE DONDER-Eichung $(\sqrt{-g}\, g^{ik})_{,k} = 0$. Die Kopplung mit dem Materietensor T_k kann dabei linear und potentialartig erfolgen:

$$\Box\, g_{ik} = -\,2\,\varkappa\, g_{kl}\left(T_i^l - \frac{1}{2}\delta_i^l\, T\right) = -\,2\,\varkappa\, T_{ik}^*\,. \tag{3.97}$$

Den potentialartigen Charakter dieser Kopplung erkennt man mit $T_i^k = \varrho\, u_i\, u^k$, denn für die Zeit–Zeit-Komponente von (3.97) findet man

$$\Box\, g_{00} = -\,\varkappa\, g_{00}\,\varrho\,. \tag{3.98}$$

Die Kopplung gemäß (3.97) ist aber nicht notwendig und in dieser Form unnatürlich, weil (3.97) nicht aus einem Variationsprinzip herleitbar ist.

Die Indizes in den bimetrischen Feldgleichungen sollten mit den η_{ik} bewegt werden, weil diese Operationen nur dann mit dem Wellenoperator vertauschbar sind. Die Gleichung bekommt dann die triviale Form

$$\Box\, g_{ik} = -\,2\,\varkappa\, T_i^{*l}\,\eta_{kl}\,, \tag{3.99}$$

oder symmetrisiert

$$\Box\, g_{ik} = -\,\varkappa\,(T_i^{*l}\,\eta_{lk} + T_k^{*l}\,\eta_{li})\,. \tag{3.100}$$

(3.100) ist wieder die linearisierte Form der EINSTEIN-ROSENschen Feldgleichungen und ist aus einem Variationsprinzip herleitbar (Kopplungsterm $\varkappa\, T_i^{*l}\, g_{kl}\, \eta^{ik}$).

Die Konsequenzen einer potentialartigen Kopplung zwischen Gravitation und Materie werden in Kapitel 5 im Rahmen der Bezugstetraden-Theorie der Gravitation behandelt, bei der diese Kopplung besteht.

Mit den durch (3.97) bzw. (3.100) bestimmten statischen kugelsymmetrischen Vakuumfeldern folgen für die Rotverschiebung und die Lichtablenkung natürlich die EINSTEINschen Werte, während für die Perihelbewegung

$$\Delta\varphi = \frac{4}{3}\,\Delta\varphi_{\text{Einstein}}$$

resultiert (vgl. dagegen Kapitel 5, § 1).

Literatur

[1] ROSEN, N.: Phys. Rev. **57** (1940), 147.
[2] Kohler: Zeitschrift für Physik **131**, 571; **134**, 286 u. 306.
[3] MØLLER, C.: Mat. Fys. Skr. Dan. Vid. Selsk. 1, no. 10 (1961).
[4] PELLEGRINI, C. und J. PLEBANSKI: Mat. Fys. Skr. Dan. Vid. Selsk. 2, No. 4 (1962) 39.
[5] TREDER, H.-J.: Annalen der Physik **20** (1967), 194.
[6] EINSTEIN, A.: Berl. Ber. (1928), 217; (1929), 1. u. 156; (1930), 18. u 401.
[7] EINSTEIN, A. und W. MAYER: Berl. Ber. (1930), 110.
[8] WEITZENBÖCK, R.: Berl. Ber. (1928), 466.
[9] EINSTEIN, A. und W. MAYER: Berl. Ber. (1931), 287.
[10] BELINFANTE, F. J. und J. C. SWIHART: Annals of Phys. **1** (1957), 168.
[11] BELINFANTE, F. J. und J. C. SWIHART: Annals of Phys. **1** (1957), 196.
[12] BELINFANTE, F. J. und J. C. SWIHART: Annals of Phys. **2** (1957), 81.
[13] UTIJAMA, R.: Phys. Rev. **101** (1956), 1596.
[14] KIBBLE, T. W. B.: Journ. Math. Phys. **2** (1961), 212.
[15] BRODSKI, A., D. IVANENKO und T. SOKOLIK: Journ. exp. u. theoret. Phys. **41** (1961), 1307.

Teil B

Bezugssystemtheorie der Gravitation

KAPITEL 4. ALLGEMEINE LORENTZ-KOVARIANZ

§ 1. Lorentz-kovariante Ableitung

Wie in der Einleitung ausgeführt, ist es für das Verständnis des allgemeinen Relativitätsprinzips notwendig, zwischen Koordinatensystemen $\{x^i\}$ und Bezugssystemen Σ zu unterscheiden: Koordinatensysteme sind rein mathematische Größen zur Darstellung mathematischer Beziehungen. Die Unabhängigkeit der physikalischen Meßwerte von der Wahl des Koordinatensystems $\{x^i\}$ ist logisch notwendig, hat aber keine physikalischen Konsequenzen. Bezugssysteme sind hingegen physikalisch real; sie entsprechen einem System von Meßanordnungen, die zur Bestimmung der physikalischen Größen dienen. Im einfachsten Falle ist ein solches System von Meßanordnungen durch ein System von drei Normalmaßstäben und einer Normaluhr realisiert. Jedem Ereignis der Raum-Zeit V_4 sind jeweils drei Maßstäbe und eine Uhr zugeordnet [6].

Mathematisch wird ein Bezugssystem Σ dargestellt durch ein Feld von 4 Vektoren h_i^A, die wir als orthonomiert annehmen können:

$$g_{ik} = h_i^A\, h^B{}_k\, \eta_{AB}\,, \qquad \eta_{AB} = h^i{}_A\, h^k{}_B\, g_{ik}\,. \tag{4.1}$$

Hierbei ist g_{ik} der metrische Tensor der Raum-Zeit,

$$\eta_{AB} = \text{diagonal}\,(+1,\ -1,\ -1,\ -1)$$

der Minkowskische Tensor; die kleinen lateinischen Indizes sind Tensor-Indizes in der Raum-Zeit und die großen lateinischen Indizes Vektornummern; beide Indexarten laufen von 0 bis 3. Die $h^A{}_i$ sind selbst Funktionen der Raum-Zeit-Koordinaten.

Die Gleichung (4.1) ist die Bedingung dafür, daß ein Bezugssystem h_i^A mit einer Raum-Zeit V_4 von gegebener Metrik g_{ik} verträglich ist. Eine raumzeitliche Transformation der Einstein-Gruppe

$$x^{|l} = x^{|l}(x^k)\,, \qquad h^{|A}{}_l = \frac{\partial x^k}{\partial x^{|l}}\, h_k^A \tag{4.2}$$

der Vierbeinvektoren entspricht dem Übergang zu einer isometrischen Metrik:

$$g'_{mn} = \frac{\partial x^k}{\partial x^{|m}}\,\frac{\partial x^l}{\partial x^{|n}}\, h^A{}_k\, h_{Al} = \frac{\partial x^k}{\partial x^{|m}}\,\frac{\partial x^l}{\partial x^{|n}}\, g_{kl}\,. \tag{4.3}$$

(4.1) ordnet der Raum-Zeit V_4 einen universellen Minkowskischen Tangentialraum M_4 zu. Dieser M_4 ist die zur V_4 duale Mannigfaltigkeit V_4^*. Die Transformations-Matrix $h^A{}_l$, die die V_4 und die V_4^* verknüpft, ist im allgemeinen anholonom mit dem EINSTEINschen Anholonomieobjekt ([1], [5])

$$\Delta^i_{\check{k}l} = \frac{1}{2} h^i{}_A (h^A{}_{k,l} - h^A{}_{l,k}) . \tag{4.4}$$

Mit $h^A{}_i$ ist auch ein im MINKOWSKIschen V_4^* LORENTZ-gedrehtes Vierbeinfeld

$$\bar{h}^B{}_i = \omega^B{}_A h^A{}_i \tag{4.5}$$

mit

$$\omega_A{}^C \omega_{BC} = \eta_{AB} \tag{4.6}$$

ein mit den gegebenen g_{ik} verträgliches Bezugssystem. Das allgemeine Relativitätsprinzip besagt nun, daß alle mit der vorgegebenen metrischen Struktur g_{ik} der Raum-Zeit V_4 zu vereinbarenden Bezugssysteme Σ gleichberechtigt sind.

Die geometrischen Objekte der Raum-Zeit V_4 selbst erfüllen diese Voraussetzungen genau dann, wenn sie nur von der LORENTZ-invarianten Kombination (4.1) der Tetraden und deren Derivierten abhängig sind (s. unten). Alle LORENTZ-Invarianten sind EINSTEINsche Tensoren, die nur von EINSTEINschen Tensoren abhängen.

Die Meßwerte Φ^J physikalischer Größen sind invariant gegenüber der Wahl des Koordinatensystems, d. h., sie müssen reine Punktfunktionen der Koordinaten und somit raum-zeitliche Skalare sein:

$$\Phi^{|J} = \Phi^J(x^i(x^{|h})) = \Phi^J(x^i) . \tag{4.7}$$

Entsprechend dem Relativitätsprinzip sollen aber ferner die Beziehungen zwischen den Meßwerten Φ^J auch unabhängig von der Wahl der Bezugssysteme sein. Insbesondere soll $\bar{\Phi}^J = 0$ genau dann gelten, wenn $\Phi^J = 0$ ist. Hieraus folgt, daß die Matrix Φ^J sich kovariant in bezug auf die LORENTZ-Transformationen (4.6) verhalten muß, d. h., die Matrix Φ^J der Meßwerte muß ein LORENTZ-Tensor n-ter Stufe sein:

$$\bar{\Phi}^{A_1 \cdots}_{B_1 \cdots} = \omega^{A_1}{}_{C_1} \cdots \omega_{B_1}{}^{D_1} \cdots \Phi^{C_1 \cdots}_{D_1 \cdots} . \tag{4.8}$$

Aus (4.8) und (4.7) folgt mit (4.1), daß allen Meßwerten physikalischer Größen eindeutig raum-zeitliche Tensoren derselben Stufe zugeordnet werden können:

$$\Phi^{i_1 \cdots}_{k_1 \cdots} = h^{i_1}{}_{A_1} \cdots h^{B_1}{}_{k_1} \cdots \Phi^{A_1 \cdots}_{B_1 \cdots} , \tag{4.9}$$

die ihrerseits LORENTZ-invariant sind. LORENTZ-Tensoren $\Phi^{A_1 \cdots}_{B_1 \cdots}$ und raumzeitliche Tensoren $\Phi^{i_1 \cdots}_{k_1 \cdots}$ sind duale Größen.

Die Meßwerte Φ^A einer Größe Φ^i im Bezugssystem $h^A{}_i$ sind in der Raum-Zeit V_4 konstant, wenn für die Änderung der Φ^i gilt

$$\Phi^i{}_{,l} + h^i{}_A h^A{}_{k,l} \Phi^k = \Phi^i{}_{,l} + \Delta^i{}_{kl} \Phi^k = 0 . \tag{4.10a}$$

Hierin sind die

$$\Delta^i_{kl} = h^i{}_A h^A{}_{k,l} \tag{4.10b}$$

die affinen Koeffizienten der fernparallelisierten (integrablen) Übertragung EINSTEINS [1], die der Identität

$$h^A{}_{i,l} - \Delta^k_{il}\, h^A{}_k = 0 \tag{4.10c}$$

genügen.

Das gewöhnliche Differential $d\Phi_{k_1 \dots}^{i_1 \dots}$ eines raumzeitlichen Tensors ist selbst kein Tensor, z. B.

$$d\Phi^{|i} = \Phi^{|i}{}_{,l}\, dx^l = \left(\frac{\partial x^{|i}}{\partial x^r}\, \Phi^r{}_{,l} + \frac{\partial^2 x^{|i}}{\partial x^r\, \partial x^l}\, \Phi^r\right) dx^l\,. \tag{4.11a}$$

Das Differential wird zu einem Tensor durch Addition einer kompensierenden Größe

$$\Gamma^i_{kl}\, \Phi^k\, dx^l\,, \tag{4.11b}$$

bei der die Affinität Γ^i_{kl} dem Transformationsgesetz

$$\Gamma^{|i}_{kl} = \frac{\partial x^{|i}}{\partial x^m}\, \frac{\partial x^r}{\partial x^{|k}}\, \frac{\partial x^p}{\partial x^{|l}}\, \Gamma^m_{rp} + \frac{\partial x^{|i}}{\partial x^m}\, \frac{\partial^2 x^m}{\partial x^{|k}\, \partial x^{|l}} \tag{4.11c}$$

genügt. Aus den g_{ik} und ihren Derivierten allein sind als einzige Affinität die CHRISTOFFELschen Drei-Index-Symbole

$$\begin{Bmatrix} i \\ k\, l \end{Bmatrix} = \frac{1}{2}\, g^{ir}\, (- g_{kl,r} + g_{lr,k} + g_{rk,l}) \tag{4.11d}$$

bildbar. Sie sind ersichtlich LORENTZ-Invarianten. — Ebenso ist das (koordinaten-invariante) gewöhnliche Differential

$$d\Phi^A = \Phi^A{}_{,l}\, dx^l = \Phi^A{}_{,l}\, h^l{}_B\, dx^B = \Phi^A{}_{,B}\, dx^B \tag{4.12a}$$

eines LORENTZ-Vektors Φ^A kein LORENTZ-Tensor:

$$d\overline{\Phi}^A = (\omega^A{}_B\, \Phi^B)_{,l}\, dx^l = (\omega^A{}_B\, \Phi^B{}_{,l} + \omega^A{}_{B,l}\, \Phi^B)\, dx^l\,. \tag{4.12b}$$

Eine LORENTZ-kovariante Ableitung muß also durch Einführung einer kompensierenden LORENTZ-Affinität

$$L^A_{Bl}\, \Phi^B\, dx^l = L^A_{B\,C}\, \Phi^B\, dx^C \tag{4.12c}$$

mit dem Transformationsgesetz

$$\overline{L}^A_{Bl} = \omega^A{}_C\, \omega_B{}^D\, L^C{}_{Dl} + \omega^A{}_D\, \omega_B{}^D{}_{,l} \tag{4.12d}$$

gebildet werden. — Die einzige LORENTZ-Affinität, die aus den Tetraden und deren Derivierten bildbar ist, sind die Größen¹)

$$L^A_{Bl} = -\gamma^A_{Bl} = h^A{}_i\, h^i{}_{B;l} = -h^A{}_{i;l}\, h^i{}_B\,, \tag{4.13}$$

die in der Tat das Transformationsgesetz

$$\overline{\gamma}^A_{Bl} - \omega^A{}_C\, \omega_B{}^D\, \gamma^C_{Dl} = -\omega^A{}_D\, \omega_B{}^D{}_{,l} = \omega^A{}_{D,l}\, \omega_B{}^D \tag{4.13a}$$

¹) Gehen wir in einer ebenen V_4 von einem speziell-relativistischen Inertialsystem aus, das in kartesischen Koordinaten $h^A{}_i = \delta^A{}_i$ lautet, und führen allgemeine LORENTZ-Transformationen $h^A{}_i = \omega^A{}_B\, \delta^B{}_i$ aus, so finden wir

$$\gamma^A_{Bl} = -\omega^A{}_C\, \omega_B{}^C{}_{,l} \quad \text{(s. u.).}$$

besitzen. Die Größen (4.13) sind die RICCIschen Rotationskoeffizienten zum Tetradenfeld h_i^A [2]. Ihre raum-zeitlichen Komponenten

$$\gamma^i_{kl} = h^i{}_A\, h^B{}_k\, \gamma^A_{Bl} = h^i{}_A\, h^A{}_{k;l} = -\, h^i{}_{A;l}\, h^A{}_k \tag{4.13b}$$

$\left(\text{mit}\quad \Phi^i{}_{;k} = \Phi^i{}_{,k} + \Phi^l \begin{Bmatrix} i \\ k\,l \end{Bmatrix}\right)$

sind für sich allein keine legitimen allgemein-relativistischen Größen, da sie zwar raum-zeitliche Tensoren, aber keine LORENTZ-Skalare sind. Sie sind in dieser Beziehung das Analogon zu der CHRISTOFFEL-Affinität $\begin{Bmatrix} i \\ k\,l \end{Bmatrix}$, die zwar LORENTZ-Skalare, aber keine raum-zeitlichen Tensoren sind.

Mit Hilfe der LORENTZ-Affinität (4.13) definieren wir unter Benutzung der LEIBNIZschen Regel eine LORENTZ-kovariante Ableitung z. B. eines gemischtvarianten LORENTZ-Tensor $\Phi^A{}_B$ gemäß

$$\Phi^A{}_{B\|C} = \Phi^A{}_{B\|l}\, h^l{}_C = \Phi^A{}_{B,C} - \gamma^A_{DC}\, \Phi^D{}_B + \gamma^D_{BC}\, \Phi^A{}_D\,. \tag{4.14}$$

Für einen gemischten raum-zeitlichen und LORENTZ-Tensor, z. B. für $\Phi^A{}_i$, definieren wir mit Hilfe der RICCIschen Rotationskoeffizienten und der CHRISTOFFEL-Affinität die allgemein-kovariante (LORENTZ-kovariante und koordinaten-kovariante) Ableitung gemäß

$$\Phi^A{}_{i\|\|l} = \Phi^A{}_{i,l} - \Phi^B{}_i\, \gamma^A_{Bl} - \Phi^A{}_r \begin{Bmatrix} r \\ i\,l \end{Bmatrix}. \tag{4.15}$$

Die allgemein-kovariante Ableitung spezialisiert sich zur koordinaten-kovarianten Ableitung

$$\Phi^i{}_{\|\|l} = \Phi^i{}_{,l} + \begin{Bmatrix} i \\ r\,l \end{Bmatrix} \Phi^r = \Phi^i{}_{;l} \tag{4.15a}$$

für rein raum-zeitliche Größen und zur LORENTZ-kovarianten Ableitung

$$\Phi^A{}_{\|\|l} = \Phi^A{}_{,l} - \gamma^A_{Bl}\, \Phi^B = \Phi^A{}_{\|l} \tag{4.15b}$$

für reine LORENTZ-Tensoren.

Außer den bekannten Identitäten

$$\delta^i{}_{k;l} = \delta^i{}_{k,l} = 0\,, \tag{4.16a}$$

$$\delta^A{}_{B\|l} = \delta^A{}_{B,l} = 0\,, \tag{4.16b}$$

$$g_{ik\|\|l} = g_{ik;l} = 0\,, \tag{4.16c}$$

$$\eta_{AB\|\|l} = \eta_{AB\|l} = \gamma_{ABl} + \gamma_{BAl} = 0 \tag{4.16d}$$

finden wir noch, daß die Tetraden $h^A{}_i$ allgemein-kovariant konstant sind (WEYLS Lemma [12])

$$h^A{}_{i\|\|l} = h^A{}_{i,l} - h^B{}_i\, \gamma^A{}_{Bl} - h^A{}_r \begin{Bmatrix} r \\ i\,l \end{Bmatrix} = h^A{}_{i,l} - h^A{}_{i;l} - h^A{}_r \begin{Bmatrix} r \\ i\,l \end{Bmatrix} = 0\,. \tag{4.17}$$ [1]

[1]) Fordert man die Äquivalenz von LORENTZ- und EINSTEIN-Darstellung, so muß WEYLS Lemma $h^A{}_{i\|\|l} = 0$ gelten. Als Folge hiervon ist dann der Zusammenhang zwischen den Γ^i_{kl} und den $L^A{}_{Bl}$ durch die anholonome Transformation (4.1) gegeben:

$$\Gamma^i_{kl} = L^i_{kl} + h_A{}^i\, h^A{}_{k,l}\,.$$

In der Tat ist

$$\gamma^i_{kl} + \begin{Bmatrix} i \\ k\,l \end{Bmatrix} = \Delta^i_{kl} = h^i{}_A\, h^A{}_{k,l} \tag{4,17a}$$

wieder die EINSTEINsche Affinität mit Fernparallelismus [1].

Wegen (4.1) und (4.17) besteht eine eineindeutige Korrespondenz (Dualität) zwischen der LORENTZ-kovarianten und der koordinaten-kovarianten Darstellung tensorieller Größen. Es gilt z. B. EISENHARTS Identität [2]:

$$\Phi^A{}_{\|C} = (h^A{}_i\, \Phi^i)_{\|l}\, h^l{}_C = \Phi^i{}_{;l}\, h^A{}_i\, h^l{}_C\,, \tag{4.18a}$$

und weiter:

$$\Phi^A{}_{\|CD} = \Phi^i{}_{;kl}\, h^A{}_i\, h^k{}_C\, h^l{}_D \quad \text{etc.} \tag{4.18b}$$

Wir können also die LORENTZ-kovarianten Ableitungen von LORENTZ-Tensoren durch die koordinaten-kovarianten Ableitungen von raum-zeitlichen Tensoren ersetzen und umgekehrt. Die beiden Typen von kovarianten Ableitungen sind zueinander dual.

Insbesondere ist der LORENTZ-kovariante Krümmungstensor mit dem RIEMANNschen Krümmungstensor identisch. Es gilt

$$\begin{aligned}\Phi^A{}_{\|BC} - \Phi^A{}_{\|CB} &= (\Phi^i{}_{;kl} - \Phi^i{}_{;lk})\, h^A{}_i\, h^k{}_B\, h^l{}_C = \\ &= -\,R^i{}_{rkl}\, \Phi^r\, h^A{}_i\, h^k{}_B\, h^l{}_C = -\,\Phi^D\, R^A{}_{DBC}\,.\end{aligned} \tag{4.19}$$

Der Trägheitssatz der speziellen Relativitätstheorie

$$u^l{}_{,k}\, u^k = 0$$

läßt sich z. B. auf LORENTZ-kovariante Weise durch 4 skalare Gleichungen ausdrücken:

$$u^A{}_{\|C}\, u^C = (u^A{}_{,i} - \gamma^A_{Bi}\, u^B)\, h^i{}_C\, u^C = 0 \tag{4.20}$$

und führt somit auf die Geodätengleichung in einer RIEMANNschen V_4:

$$u^i{}_{;k}\, u^k\, h^A{}_i = u^A{}_{\|C}\, u^C = 0 \tag{4.20a}$$

Entscheidend ist für die Herleitung der Geodätengleichung die Forderung der Kovarianz gegenüber beliebigen ortsabhängigen LORENTZ-Rotationen. Würde man nur die Kovarianz gegenüber starren LORENTZ-Rotationen ($\omega^A{}_{B,l} = 0$) fordern, so brauchte das gewöhnliche Differential

$$d\Phi^A = \Phi^A{}_{,l}\, dx^l$$

nicht durch eine LORENTZ-Affinität ergänzt zu werden:

$$\Phi^A{}_{,l}\, dx^l = (\Phi^i{}_{,l}\, h^A{}_i + h^A{}_{i,l}\, \Phi^i)\, dx^l\,. \tag{4.21}$$

(4.21) führt auf die (zu (4.21) duale) koordinatenkovariante Ableitung

$$d\Phi^A\, h^k{}_A = (\Phi^k{}_{,l} + h^k{}_A\, h^A{}_{i,l}\, \Phi^i)\, dx^l\,. \tag{4.22}$$

In diesen Differentialen ist die Koordinaten-Affinität gleich der integrablen EINSTEIN-Affinität Δ^i_{kl}. Der Tensortransport in der V_4 ist dann integrabel;

es gibt keine affine Krümmung und daher auch keine Gravitationswirkung. — Das allgemeine Relativitätsprinzip impliziert somit mit seiner Forderung der LORENTZ-Kovarianz der Beziehungen zwischen physikalischen Meßwerten das EINSTEINsche Prinzip von der raum-zeitlichen Kovarianz der rein raumzeitlich formulierten physikalischen Gleichungen und ermöglicht die Geometrisierung des Gravitationsfeldes.

Unter der Voraussetzung, daß die Struktur der Raum-Zeit allein durch die g_{ik} bestimmt wird und alle physikalischen Meßgrößen vollständig durch LORENTZ-Tensoren gegeben sind, ist es also möglich, die physikalischen Gleichungen unabhängig von jedem Bezugssystem rein raum-zeitlich, d. h. mit rein raum-zeitlichen Tensoren, eindeutig zu beschreiben, und das allgemeine Relativitätsprinzip lautet dann [6]:

Die physikalischen Grundgleichungen sind in der Raum-Zeit V_4 so formulierbar, daß in ihnen kein Bezug auf ein Bezugssystem genommen wird (EINSTEINS allgemeines Relativitätsprinzip)[1]).

Damit die aus diesen Grundgleichungen der V_4 folgenden Relationen zwischen den Meßwerten unabhängig von dem gewählten Koordinatensystem (und damit interpretierbar) sind, müssen diese raum-zeitlichen Gleichungen koordinatenkovariant sein (EINSTEINS Kovarianzprinzip). — Die EINSTEINsche Form des allgemeinen Relativitätsprinzips ist ersichtlich die duale Fassung der Forderung der LORENTZ-Kovarianz [8].

§ 2. Spinor-Kalkül

Für Tensorfelder gibt es zwei äquivalente (zueinander duale) Darstellungen die dem allgemeinen Relativitätsprinzip genügen [6]:

1. Die LORENTZ-kovariante Darstellung, die koordinaten-invariante Größen $\Phi^{A\,\cdots}_{B\,\cdots}$ verwendet, und

2. die koordinaten-kovariante Darstellung, die LORENTZ-invariante Größen $\Phi^{i\,\cdots}_{k\,\cdots}$ verwendet.

Die Äquivalenz beider Darstellungen ergibt sich aus der Eindeutigkeit der Zuordnungen

$$\Phi^{A}{}_{D\cdots}^{\cdots} = h^{A}{}_{i} \ldots h^{k}{}_{D} \ldots \Phi^{i}{}_{k\cdots}^{\cdots} \tag{4.22a}$$

und

$$\Phi^{i}{}_{k\cdots}^{\cdots} = h^{i}{}_{A} \ldots h^{D}{}_{k} \ldots \Phi^{A}{}_{D\cdots}^{\cdots}\,. \tag{4.22b}$$

Eine solche eindeutige Zuordnung ist nicht mehr möglich, wenn spinorielle Größen eingeführt werden. Die Einführung von Spinor-Größen bedeutet für Tensorfelder zunächst weiter nichts als die Ersetzung der eindeutigen Tensor-Darstellung der LORENTZ-Gruppe durch die zweideutige unimodulare Darstellung. Hierbei werden den Tetraden der Bezugssysteme metrische Spinvektoren

[1]) S. hierzu die Einleitung.

mittels

$$\sigma^{l\mu\dot{\nu}} = h^l{}_A\, \sigma^{A\mu\dot{\nu}} \tag{4.23}$$

zugeordnet. In (4.23) sind die $\sigma^{A\mu\dot{\nu}}$ die konstanten PAULIschen Spin-Matrizen. (Die griechischen Indizes sind die Spinor-Indizes $\mu, \nu = 1, 2$.)

Die Orthogonalitätsbedingung (4.1) lautet so

$$\gamma_{\alpha\beta}\, \gamma_{\dot{\mu}\dot{\nu}} = \sigma^k{}_{\alpha\dot{\mu}}\, \sigma^l{}_{\beta\dot{\nu}}\, g_{kl} = \sigma^A{}_{\alpha\dot{\mu}}\, \sigma^B{}_{\beta\dot{\nu}}\, \eta_{AB} \tag{4.24a}$$

und

$$g_{kl} = \sigma_k{}^{\alpha\dot{\mu}}\, \sigma_l{}^{\beta\dot{\nu}}\, \gamma_{\alpha\beta}\, \gamma_{\dot{\mu}\dot{\nu}} = h^A{}_k\, h^B{}_l\, \sigma_A{}^{\alpha\dot{\mu}}\, \sigma_B{}^{\beta\dot{\nu}}\, \gamma_{\alpha\beta}\, \gamma_{\dot{\mu}\dot{\nu}}\,. \tag{4.24b}$$

Hierbei sind die Größen

$$\gamma_{\alpha\beta} = -\gamma_{\beta\alpha} = \gamma_{\dot{\alpha}\dot{\beta}} = -\gamma_{\dot{\beta}\dot{\alpha}} \qquad \text{mit} \qquad |\gamma_{\alpha\beta}| = 1\,, \quad \gamma_{\alpha\beta}\, \gamma^{\varepsilon\beta} = \delta_\alpha{}^\varepsilon \tag{4.25a}$$

die metrischen Tensoren des Spinraumes und gemäß (4.24) die Konstanten

$$\gamma_{12} = -\gamma_{21} = -\gamma^{12} = \gamma^{21} = 1\,. \tag{4.25b}$$

Die Darstellung (4.24a, b) ist invariant gegenüber den unimodularen Transformationen im Spinraum S_2 bzw. S_2^*, d. h. gegenüber Transformationen

$$\bar{\sigma}_l{}^{\alpha\dot{\mu}} = \alpha^{\dot{\mu}}{}_{\dot{\nu}}\, \alpha^\alpha{}_\beta\, \sigma_l{}^{\beta\dot{\nu}} \tag{4.26}$$

der metrischen Spinvektoren, bei denen die Transformations-Matrizen $\alpha^\mu{}_\nu = \alpha^\mu{}_\nu(x^l)$ der Bedingung

$$|\alpha^{\dot{\mu}}{}_{\dot{\nu}}| = |\alpha^\mu{}_\nu| = 1 \tag{4.27}$$

genügen.

Werden die Meßgrößen auf die Spinräume S_2, S_2^* bezogen, dann verlangt das allgemeine Relativitätsprinzip, daß — entsprechend der unimodularen Invarianz von (4.24) — sich alle Meßgrößen als Spinoren transformieren:

$$\bar{\psi}^\nu = \alpha^\nu{}_\mu\, \psi^\mu\,, \qquad \bar{\psi}^{\dot{\nu}} = \alpha^{\dot{\nu}}{}_{\dot{\mu}}\, \psi^{\dot{\mu}}\,. \tag{4.28}$$

Entsprechend (4.23) ist diese Bedingung für $2n$-stufige hermitesche Spinoren, z. B. für

$$\psi_{\mu\dot{\nu}}\,, \quad \psi_{\mu\dot{\nu}\alpha\dot{\beta}} \quad \text{etc,}$$

äquivalent mit der Forderung, daß die Meßgrößen LORENTZ-Tensoren sind:

$$\Phi_{\mu\dot{\nu}} = \sigma_{A\mu\dot{\nu}}\, \Phi^A = \sigma_{i\mu\dot{\nu}}\, h^i{}_A\, \Phi^A = \sigma_{i\mu\dot{\nu}}\, \Phi^i\,.$$

Ist ψ_ν ein Spinor, so ist die gewöhnliche Ableitung

$$d\psi_\nu = \psi_{\nu,l}\, dx^l \tag{4.29a}$$

kein Spinor, denn es gilt

$$\bar{\psi}_{\nu,l} = (\alpha_\nu{}^\mu\, \psi_\mu)_{,l} = \alpha_\nu{}^\mu\, \psi_{\mu,l} + \alpha_\nu{}^\mu{}_{,l}\, \psi_\mu\,. \tag{4.29b}$$

Durch Einführung einer kompensierenden Spinor-Affinität (vgl. z. B. [4]) $\Lambda^\alpha{}_{\beta l}$ mit dem Transformationsgesetz

$$\bar{\Lambda}^\alpha{}_{\beta l} = \alpha_\beta{}^\mu\, \alpha^\alpha{}_\nu\, \Lambda^\nu{}_{\mu l} + \alpha^\alpha{}_\lambda\, \alpha_{\beta,l}^\lambda \tag{4.29c}$$

wird dementsprechend die LORENTZ-kovariante Spinor-Ableitung

$$\psi_{\nu\|l}\,dx^l = (\psi_{\nu,l} - \Lambda^{\mu}{}_{\nu l}\,\psi_{\mu})\,dx^l \tag{4.30}$$

gebildet. — Die Spinor-Affinität muß gleichzeitig ein raum-zeitlicher Tensor sein, damit die Spin-Ableitung (4.30) koordinatenkovariant ist. — Die einzige Affinität dieser Art, die aus den Spinvektoren und deren Derivierten allein bildbar ist, ist die Spinor-Affinität von INFELD und VAN DER WAERDEN [3]:

$$\Lambda^{\alpha}{}_{\beta l} = \frac{1}{2}\,\sigma^{i\alpha\dot\nu}\,\sigma_{i\beta\dot\nu;l} = \frac{1}{2}\,\sigma^{i\alpha}{}_{\dot\nu;l}\,\sigma_{i\beta}{}^{\dot\nu}\,. \tag{4.31}$$

Wir können wieder allgemein-kovariante Ableitungen für gemischt-tensorielle und -spinorielle Größen definieren, z. B.

$$\Phi^{k}{}_{\nu|||l} = \Phi^{k}{}_{\nu,l} + \left\{ {k \atop r\,l} \right\}\Phi^{r}{}_{\nu} - \Lambda^{\alpha}{}_{\nu l}\,\Phi^{k}{}_{\alpha}\,. \tag{4.32}$$

Auf Grund von (4.32) erhalten wir die bekannte allgemein-kovariante Konstanz der metrischen Spinvektoren

$$\sigma^{k\mu\dot\nu}{}_{|||l} = \sigma^{k\mu\dot\nu}{}_{,l} + \sigma^{r\mu\dot\nu}\left\{ {k \atop r\,l} \right\} + \sigma^{k\alpha\dot\nu}\,\Lambda^{\mu}{}_{\alpha l} + \sigma^{k\mu\dot\alpha}\,\Lambda^{\dot\nu}{}_{\dot\alpha l} = 0\,. \tag{4.33}$$

In der Tat gilt

$$\sigma^{k\mu\dot\nu}{}_{|||l} = \sigma^{k\mu\dot\nu}{}_{,l} + \sigma^{r\mu\dot\nu}\,\Delta^{k}_{rl} = 0\,, \tag{4.33a}$$

wo Δ^{k}_{rl} die EINSTEIN-Affinität (4.17a)

$$\Delta^{k}_{rl} = h^{k}{}_{A}\,h^{A}{}_{r,l} = \sigma^{k\mu\dot\nu}\,\sigma_{r\mu\dot\nu,l} \tag{4.34}$$

ist. Mit (4.31) und (4.25) gilt

$$\gamma_{\alpha\beta\|l} = -\gamma_{\beta\alpha\|l} = \gamma_{\alpha\lambda}\,\Lambda^{\lambda}{}_{\beta l} + \gamma_{\lambda\beta}\,\Lambda^{\lambda}{}_{\alpha l} = \Lambda_{\alpha\beta l} - \Lambda_{\beta\alpha l} = 0\,. \tag{4.35}$$

Es besteht eine Dualität der koordinatenkovarianten Gleichungen für Tensorfelder zu den LORENTZ-kovarianten Gleichungen für die korrespondierenden Spinorfelder geradzahliger Stufe:

$$\Phi_{\mu\dot\nu\|l} = (\sigma_{i\mu\dot\nu}\,\Phi^{i})_{|||l} = \sigma_{i\mu\dot\nu}\,\Phi^{i}{}_{;l}\,. \tag{4.36}$$

Mit (4.23) und (4.15) gilt wegen

$$\Phi_{\mu\dot\nu} = \Phi^{k}\,\sigma_{k\mu\dot\nu} = \Phi^{A}\,\sigma_{A\mu\dot\nu}$$

weiter

$$\Phi_{\mu\dot\nu\|l} = \Phi^{A}{}_{\|l}\,\sigma_{A\mu\dot\nu} + \Phi^{A}\,\sigma_{A\mu\dot\nu\|l}\,. \tag{4.37}$$

Es ist aber wegen (4.33) und (4.16) [13]:

$$\sigma^{A\mu\dot\nu}{}_{|||l} = (\sigma^{i\mu\dot\nu}\,h^{A}{}_{i})_{|||l} = \sigma^{i\mu\dot\nu}{}_{|||l}\,h^{A}{}_{i} + \sigma^{i\mu\dot\nu}\,h^{A}{}_{i|||l} = 0\,. \tag{4.38}$$

Daher folgt aus (4.37) und (4.31)

$$\Phi_{\mu\dot\nu\|l}\,\sigma^{A\mu\dot\nu} = \Phi^{A}{}_{\|l} = h^{A}{}_{i}\,\Phi^{i}{}_{;l}\,. \tag{4.39}$$

Für zu Tensorfeldern duale Spinoren gerader Stufe sind also Spinor-Ableitung und Lorentz-kovariante Ableitung äquivalent. — Die Lorentz-kovarianten Gleichungen für Spinorfelder ungerader Stufe lassen sich hingegen nicht in koordinatenkovariante Gleichungen ohne Spinor-Indizes umformen.

Wie es aus erkenntnistheoretischen Gründen sein muß, sind also die Gleichungen für beliebige Spinorfelder koordinateninvariant und — entsprechend dem Relativitätsprinzip — Lorentz-kovariant formulierbar. Es gibt jedoch für Spinoren ungerader Stufe keine Lorentz-invariante und koordinatenkovariante Darstellung. — Dementsprechend ist die allgemeine Fassung des allgemeinen Relativitätsprinzips die Aussage, daß alle Gleichungen der Physik Lorentz-kovariant und koordinateninvariant formulierbar sind. — Für tensorielle Größen gilt dann noch die duale Fassung, daß die Größen der Physik Lorentz-invariant und koordinatenkovariant formulierbar sind.

§ 3. Die Brechung der Lorentz-Kovarianz durch das Gravitationsfeld

Durch die koordinateninvariante und Lorentz-kovariante Formulierung der physikalischen Gleichungen ist sowohl für Spinor- wie für Tensorfelder das allgemeine Relativitätsprinzip erfüllbar; eine Brechung des allgemeinen Relativitätsprinzips im Sinne der allgemeinen Lorentz-Kovarianz der Beziehungen zwischen physikalischen Meßgrößen kann nur dadurch erfolgen, daß die Geometrie der Raum-Zeit V_4 nicht allein durch die Lorentz-invariante Metrik g_{ik}, sondern auch durch nicht-Lorentz-invariante Kombinationen der Vierbeinfelder $h^A{}_k$ bestimmt wird. Dies bedeutet: Die Gesetze, die die Struktur der Raum-Zeit bestimmen, müssen naturgemäß immer noch koordinatenkovariant sein. Bestimmen diese Gleichungen nur die g_{ik}, so ist die Struktur des Raumes Lorentz-invariant. Werden durch diese Gleichungen auch andere, nicht-Lorentz-invariante Kombinationen bestimmt, so ist damit die allgemeine Lorentz-Kovarianz der geometrischen Struktur des V_4 gebrochen. Insbesondere ist die allgemeine Lorentz-Kovarianz der Struktur des V_4 dann völlig aufgehoben, wenn alle 16 Komponenten des Vierbeinfeldes $h^A{}_k$ durch die Strukturgleichungen der Raum-Zeit V_4 bestimmt werden.

Da der Begriff der globalen Drehung der Raum-Zeit V_4 aber keine physikalische Bedeutung besitzt, wird man prinzipiell Kovarianz gegenüber starren Lorentz-Rotationen (d. h. gegenüber solchen Rotationen, für die $\omega^A{}_{B,l} = 0$ gilt) fordern müssen. Dies ergibt eine Einschränkung für die die Struktur der V_4 bestimmenden Gleichungen derart, daß diese Gleichungen invariant gegenüber starren Lorentz-Rotationen sein müssen. Letzteres wird insbesondere dadurch erfüllt werden, daß die Gleichungen für die Struktur der V_4 (koordinatenkovariante) Differentialgleichungen für die 16 $h^A{}_k$ sind. Da gemäß dem Einsteinschen (schwachen) Äquivalenzprinzip die geometrische Struktur der Raum-Zeit mit der Struktur des Gravitationsfeldes identisch ist, hängt also die Gültigkeit oder Ungültigkeit des allgemeinen Relativitätsprinzips von der

Struktur der Feldgleichungen für das Gravitationsfeld ab. Sind diese Feldgleichungen LORENTZ-invariant, so gilt das allgemeine Relativitätsprinzip; sind sie es nicht, so ist das allgemeine Relativitätsprinzip gebrochen.

Der Übergang von den g_{ik} zum vollen Ensemble der Tetraden $h^A{}_i$ bedeutet gleichzeitig die Brechung des starken Äquivalenzprinzips, so daß starkes Äquivalenzprinzip und allgemeines Relativitätsprinzip miteinander zusammenhängen. Dies ist an anderer Stelle ausführlich gezeigt worden[1]).

Eine vom Begriff des Bezugssystems ausgehende vollständige Gravitationstheorie erfordert nun die Aufstellung von Bestimmungsgleichungen für diejenigen nicht-LORENTZschen Transformationen der Bezugstetraden[2]), die die ursprünglichen MINKOWSKIschen Tetraden bzw. Spinvektoren in die entsprechenden RIEMANNschen Größen deformieren. Dies bedeutet, wir benötigen im speziell-relativistischen LORENTZ-MINKOWSKI-Raum wirkende Feldgleichungen für die Tetraden- bzw. Spinvektorfelder $h^A{}_k$ bzw. $\sigma_k{}^{\mu\dot{\nu}}$. — Diese Gleichungen sollten primär als Gleichungen für die Tetraden bzw. Spinvektoren in ihrer Kovektor-Darstellung (d. h. mit unteren raum-zeitlichen Indizes) formuliert werden, da die Transformation der η_{AB} in die g_{ik} (s. u.),

$$g_{ik} = h^A{}_i\, h^B{}_k\, \eta_{AB} = \Omega^A{}_C\, \Omega^B{}_D\, \delta^C{}_i\, \delta^D{}_k\, \eta_{AB}\,,$$

den primär als kovariante Größe eingeführten metrischen Tensor definiert (s. den folgenden § 4.4). Wenn man weiter bedenkt, daß diese Tetradenfelder vier Vektorfelder sind (und somit quantisiert vektoriellen BOSE-Teilchen mit verschwindenden Ruhmassen entsprechen), gelangt man zu dem Schluß, daß die Feldgleichungen für die Tetradenfelder eine Art von quadrierter HEISENBERG-Gleichung

$$i\, \sigma^k{}_\alpha{}^{\dot{\beta}}\, \psi_{\dot{\beta}\|k} + l^2\, \sigma^k{}_{\alpha\dot{\beta}}\, \psi^{\dot{\beta}}\, \psi^{\dot{\delta}}\, \sigma_{k\varepsilon\dot{\delta}}\, \psi^\varepsilon = 0$$

sein müssen. Das heißt, an die Stelle des WEYLschen Terms $i\, \sigma^k{}_\alpha{}^{\dot{\beta}}\, \psi_{\dot{\beta}\|k}$ in der HEISENBERG-Gleichung wird der D'ALEMBERTsche Operator treten:

$$\Box\, h^A{}_k\,,$$

und im Kopplungsterm wird an die Stelle des Produkts von drei Spinorfeldern das Produkt von drei Vektorfeldern treten müssen. Nun läßt sich der Kopplungsterm in der HEISENBERG-Gleichung lesen als potentialartige Kopplung eines WEYL-Spinors mit einem DIRAC-Strom der Stromdichte $\sim \psi^{\dot{\delta}}\, \sigma_{k\varepsilon\dot{\delta}}\, \psi^\varepsilon$. Da die Quelle des Gravitationsfeldes der Energie–Impuls-Tensors $\Theta^i{}_k$ sein wird, werden wir als Wechselwirkungsterm in den Feldgleichungen für die $h^A{}_i$ eine potentialartige Kopplung mit dem HEISENBERGschen Energie–Impuls-Tensor ansetzen:

$$\varkappa\, h^A{}_l\, \Theta^l{}_i = \varkappa\, \Theta^A{}_i\,.$$

Aus Dimensionsgründen muß die Kopplungskonstante $\varkappa$ bis auf einen numerischen Faktor gleich der EINSTEINschen Gravitationskonstante sein.

[1]) Vgl. den Anhang „Thesen zum Äquivalenzprinzip und zur Abschirmung der Schwerkraft".

[2]) Zur weiteren Begründung s. den folgenden § 4 dieses Kapitels.

Diese potentialartige Kopplung ist unvermeidlich, da aus dem Materietensor Θ^k_i und den h^A_k allein 4 Vektoren Θ^A_i gebildet werden sollen. Eine konsequente Tetradentheorie erzwingt auf diese Weise die Homogenität der Gravitationsgleichungen mit Materie. (Die potentialartige Kopplung wäre nur vermeidbar, wenn 4 zusätzliche Vektorfelder in die Kopplungsterme eingeführt würden. Die einfachste Kopplung wäre dann in kartesischen Koordinaten etwa von der Form $\varkappa\, \Theta^k_i\, \delta^B_k\, \omega^A_B$.)

In pseudo-kartesischen Koordinaten lauten die Bestimmungsgleichungen für die Tetraden h^A_i somit [7]:

$$\eta^{mn}\, h^A_{i,mn} + \varkappa\, h^A_l\, \Theta^l_i = 0\,. \text{[1]} \tag{4.40}$$

Für das Vakuum $\Theta^k_i = 0$ folgen hieraus einfach homogene Wellengleichungen für das Tetradenfeld h^A_l:

$$\Box\, h^A_i = 0\,. \tag{4.40a}$$

Für die 16 Gleichungen (4.40) sind (bei vorgegebenen Anfangs- und Randbedingungen) die Tetraden h^A_l (und somit die metrischen Spinvektoren $\sigma_l^{\alpha\dot{\beta}}$ bis auf globale LORENTZ-Transformationen (mit $\omega^A_{B,l} = 0$) definiert. Die Quantenfeldtheorie besitzt somit bei Berücksichtigung der gravischen Wechselwirkung eine viel schwächere raum-zeitliche Symmetrie-Gruppe als sie durch die HEISENBERG-Gleichungen allein gegeben ist.

Da in den HEISENBERGschen Materie-Tensor die Tetraden (nebst Ableitungen) über die metrischen Spinvektoren eingehen, liefert (4.40) für die Wechselwirkung von Gravition und Materie eine wesentlich nicht-lineare Theorie, in der die Gleichungssysteme für das Materiefeld und (4.40) simultan zu lösen sind. Eine angenäherte Theorie für schwache Gravitationsfelder erhalten wir, wenn wir den Materietensor Θ^i_k aus der speziell-relativistischen HEISENBERG-Gleichung übernehmen und mit diesem Tensor in die Gravitationsgleichungen (4.40) eingehen. Dieses Näherungsverfahren entspricht einer Linearisierung der exakten Gravitationstheorie.

Das Tetradenfeld h^A_i läßt sich quantisieren, was die Quantisierung des Gravitationsfeldes involviert, wobei die ,,Gravitonen" ruhmasselose Teilchen

---

[1]) Eine zu (4.40) gewissermaßen duale Gravitationstheorie würde entstehen, wenn man anstelle der kovarianten Tetraden h^A_i die reziproken kontravarianten Tetraden $h_A{}^i$ als primäre Feldgröße benutzt [7] (wegen der Nichtvertauschbarkeit des ebenen Wellenoperators $\Box$ mit der RIEMANNschen Metrik g_{ik} sind diese Theorien physikalisch tatsächlich verschieden):

$$\Box\, h^i{}_A + \varkappa\, h^k{}_A\, \Theta^i_k = 0\,. \tag{*}$$

Diese Gleichungen führen in der 2. Näherung zu von den durch (4.40) bestimmten nichtisometrischen Metriken (z. B. zu einer Periheldrehung $\Delta\varphi = 5/6\, \delta_{\text{Einstein}}$ (vgl. Kapitel 5, § 1). Da jedoch die Metrik und damit die Tetraden, wie oben gesagt, primär kovariante Größen sind, ist (*) keine lineare Feldgleichung für die die Metrik definierenden Bezugssysteme. — (*) ist vielmehr eine Gleichung für die reduzierten Unterdeterminanten zu den tatsächlich gesuchten kovarianten h^A_i.

vom Spin 1 (und nicht vom Spin 2) sind. Für das Vakuum ist die Quantisierungsvorschrift trivial und lautet

$$[h^A{}_i(x), h^B{}_k(x')] = \eta^{AB} \eta_{ik} D(x, x') . \tag{4.41}$$

Hier ist $D(x, x')$ einfach die JORDAN-PAULIsche Kausalitätsfunktion für die D'ALEMBERTsche Gleichung. Im allgemeinen Falle werden wir statt dessen

$$[h^A{}_i(x), h^B{}_k(x')] = \eta^{AB} \eta_{ik} F(x, x') \tag{4.41a}$$

zu schreiben haben, wobei jetzt eine (exakt schwer zu bestimmende) Zwei-Punkt-Funktion $F(x, x')$ entsprechend den aus der HEISENBERGschen folgenden Zwei-Punkt-Funktionen für BOSE-Felder einzuführen ist. Das phänomenologische Gravitationsfeld und somit die makroskopische Metrik der Raum-Zeit-Welt ist gegeben durch den Erwartungswert für die bilinearen Produkte der Feldoperatoren $h^A{}_i$:

$$g_{ik} = \langle | h^A{}_i \, h^B{}_k | \rangle \, \eta_{AB} . \tag{4.42}$$

Die Quantisierung der Gravitation führt somit nicht zu einer Quantisierung der Metrik der makroskopischen Raum-Zeit.

Das Gravitationsfeld ist ein weitreichendes Feld, für das eine makroskopische Theorie formulierbar sein muß. In einer makroskopischen Theorie werden wir die Dynamik der Materie nicht explizit durch die HEISENBERG-Gleichung beschreiben, sondern nur verlangen, daß die dynamischen Eigenschaften der phänomenologischen makroskopischen Materie mit der Quantenfeldtheorie verträglich sind. Insbesondere postulieren wir auf Grund der Feldgleichungen für die Materiefelder die Gültigkeit von EINSTEINs dynamischer Gleichung für den Materie-Tensor T_i^k

$$(\sqrt{-g}\, T_i^k)_{;k} = (\sqrt{-g}\, T_i^k)_{,k} - \frac{1}{2}\sqrt{-g}\, T^{mn} g_{mn,i} = 0 , \tag{4.43}$$

die ihrerseits die Gültigkeit des EINSTEINschen Prinzips der Äquivalenz von träger und (passiver) schwerer Masse zur Folge hat.

Wir bemerken ferner mit HEISENBERG, daß das HEISENBERGsche Urfeld ψ_α zunächst ruhmasselose Teilchen beschreibt und erst durch die Wechselwirkung mit dem Vakuum Materie mit nichtverschwindender Ruhmasse entsteht. Der HEISENBERGsche Materietensor hat — insbesondere im Gegensatz zur phänomenologischen Materie — eine verschwindende Spur:

$$\Theta = \Theta^l{}_l = 0 .$$

Nach dem Vorgang der EINSTEINschen Gravitationstheorie verlangen wir, daß für schwache statische Gravitationsfelder die NEWTONsche Gravitationsdynamik aus den Feldgleichungen und der dynamischen Gleichung (4.43) resultiert; hierbei wird eine insulare Materieverteilung vorausgesetzt. In derselben linearen Näherung verlangt dann die Gültigkeit der NEWTONschen

Dynamik auch für das Innere der Materie-Inseln, daß ihre gravitierenden Massen m_A durch

$$m_A = c^{-2} \int (T^4{}_4 - T^1{}_1 - T^2{}_2 - T^3{}_3)\, d^3x \tag{4.44}$$

gegeben sind.

Auf Grund dieser Forderungen kommen wir zu folgender endgültiger Feldgleichung für das mit phänomenologischer Materie T_i^k wechselwirkende Tetradenfeld [7]:

$$\Box\, h^A{}_i + \varkappa\, h^A{}_l\, T_i^{*l} = 0 \qquad \text{mit} \qquad T_i^{*l} = T_i^l - \frac{1}{2}\delta_i^l\, T\,, \tag{4.45}$$

wo $\varkappa = \dfrac{8\pi G}{c^4}$ genau die EINSTEINsche Gravitationskonstante ist [7] (s. hierzu Kapitel 5, § 1).

In den Feldgleichungen ist der Materie-Tensor $T_i^{*l} = T_i^l - \frac{1}{2}\delta_i^l\, T$ potentialartig mit dem Tetradenfeld gekoppelt (und nicht, wie in der EINSTEINschen Theorie, quellartig). Da auch in die explizite Form von T_i^l über den metrischen Tensor g_{ik} und seine Ableitungen die $h^A{}_i$ nebst Ableitungen eingehen, ist (4.45) ein System von nichtlinearen Gleichungen für $h^A{}_i$. Dieses System ist simultan mit der dynamischen Gleichung (4.43) und den Zustandsgleichungen für die Materie zu lösen. — Für den metrischen Tensor folgen aus (4.45) und (4.1) die 10 Gleichungen[1])

$$\Box\, g_{ik} - 2\, h^A{}_{i,m}\, h^B{}_{k,n}\, \eta^{mn}\, \eta_{AB} = -\,2\,\varkappa\, T^*_{ik}\,; \tag{4.45a}$$

(4.45) fixiert (bei vorgegebenen Anfangs- und Grenzbedingungen) das Tetradenfeld bis auf globale LORENTZ-Rotationen, bestimmt also einen im Sinne EINSTEINS fernparallelisierten RIEMANNschen Raum.

Neben der obigen Form des Kopplungsterms wäre noch

$$\varkappa\, h^A{}_l\, \eta^{ml}\, \eta_{kn}\, T^{*n}_m \tag{4.46}$$

möglich. (4.46) unterscheidet sich vom Kopplungsterm in (4.45) dadurch, daß die Indizes mit Hilfe der ebenen Metrik η_{ik} bewegt wurden.

Durch Symmetrisierung entsteht der Kopplungsterm

$$\frac{\varkappa}{2}\, h^A{}_l\, (T_k^{*l} + \eta_{km}\, \eta^{ln}\, T_n^{*m}) = \frac{\varkappa}{2}\, h^A{}_l\, Q_k^l\,. \tag{4.47}$$

Dieser hat den Vorzug, aus einem Variationsprinzip für die h_i^A mit der LAGRANGE-Funktion

$$2\,L = -\,\eta^{kl}\,\eta^{mn}\,\eta^{AB}\, h_{Ak,m}\, h_{Bl,n} + \varkappa\, h_{Al}\, h_{Bn}\, \eta^{AB}\, \eta^{ml}\, T^{*n}_m \tag{4.48}$$

herleitbar zu sein. Anstelle von (4.45) sollten also die Gleichungen [8]

$$\Box\, h^A{}_i + \frac{\varkappa}{2}\,(T_i^{*l} + \eta^{lm}\,\eta_{in}\, T^{*n}_m)\, h^A{}_l = 0\,. \tag{4.49}$$

---

1) Vgl. hierzu die bimetrischen Tensorgleichungen (3.97).

als Feldgleichungen für die Gravitation in Betracht gezogen werden. Diese Gleichungen unterscheiden sich in allen physikalisch relevanten Fällen gar nicht oder unwesentlich von (4.45) (s. Kap. 5, § 1).

Grundlegend ist die Form der Kopplung zwischen der Materie und der Gravitation, die nicht — wie in der NEWTONschen oder in der EINSTEINschen Theorie — quellartig, sondern potentialartig ist (eine Art FERMI-Kopplung anstelle von Kopplungen vom YUKAWA-Typ): Die Gravitationsgleichungen sind homogene Differentialgleichungen und lauten (unter Verwendung allgemeiner Koordinaten):

$$a^{mn} h^A_{i,mn} + \frac{\varkappa}{2} (T^{*l}_i + a^{ml} a_{ni} T^{*n}_m) h^A{}_l = 0 . \tag{4.50}$$

Hierbei ist

$$a^{mn}(x^{|l}) = \frac{\partial x^{|m}}{\partial x^i} \frac{\partial x^{|n}}{\partial x^k} \eta_{ik}$$

und $a_{mn}(x^{|l})$ ist die ebene Metrik in allgemeinen Koordinaten $x^{|l} = x^{|l}(x^k)$. Das Komma bedeutet dementsprechend jetzt die kovariante Ableitung, gebildet mit der ebenen Metrik $a_{mn}(x^{|l})$. Der Operator $\square$ ist der kovariante D'ALEMBERTsche Operator für Vektorfelder, wieder gebildet in bezug auf die a_{mn}. Die Größe Q_k^l aus (4.47) lautet jetzt

$$Q_k^l = T^{*l}_k + a_{kr} T^{*n}_m a^{ml} .$$

Entsprechend diesen Gleichungen ist die Quelldichte eines statischen Gravitationsfeldes, die bei EINSTEIN und NEWTON

$$R^0{}_0 = - \varkappa T^{*0}{}_0 \tag{4.51a}$$

bzw.

$$\Delta \Phi = 4 \pi G \varrho \tag{4.51b}$$

lautet, durch

$$\Delta h^0{}_0 = \varkappa h^0{}_0 T^{*0}{}_0 \tag{4.51c}$$

gegeben, d. h., die effektive aktive Gravitationsmasse (die effektive Gravitationszahl) hängt vom Gravitationspotential $h^4{}_4$ selbst ab und zwar derart, daß eine Selbstabschirmung der Gravitationswirkung eintritt, indem mit wachsendem quasi-NEWTONschen Gravitationspotential die effektive Gravitationsmasse abnimmt (s. Kap. 5, §§ 1 und 2).

Durch die Einwirkung des quasi-NEWTONschen Gravitationspotentials $h^4{}_4$ ist die effektive Gravitationsmasse m_A eines dichten Körpers K, der aus einer sehr großen Zahl N von Teilchen besteht, immer kleiner als die Summe $\sum_{n=1}^{N} m_{An}$ der aktiven Gravitationsmasse m_{An} der einzelnen freien Teilchen: $m_A < \sum_{n=1}^{N} m_{An}$. (Hierbei wird unter der effektiven aktiven Gravitationsmasse m_A immer das gravimetrisch gemessene „Gewicht" des kugelsymmetrischen Teils des nach Kugelfunktionen entwickelten NEWTONschen Potentials des Körpers K verstanden.) Hingegen addieren sich die trägen und passiven Massen m_{T_n} bzw. m_{P_n} der Teilchen zur trägen und passiven Masse $m_T = \sum_n m_{T_n}$ bzw. $m_P = \sum_n m_{P_n}$ (s. das folgende Kapitel 5, §§ 3 und 4).

Bezüglich der Transformationseigenschaften des Gesamtsystems Materie plus Gravitationsfeld ergibt sich in der Tetradentheorie der Gravitation folgende Situation: Die Gleichungen für die Materie in der V_4 sind sowohl LORENTZ-kovariant als EINSTEIN-kovariant zu schreiben. Indem zwischen den metrischen Spinvektoren $\sigma_i^{\alpha\dot{\beta}}$ in der LORENTZ-kovarianten Schreibweise der Spinor-Feldgleichungen vom DIRAC- bzw. HEISENBERG-Typ und dem metrischen Tensor g_{ik} in der EINSTEIN-kovarianten Schreibweise der Tensorfeldgleichungen die Beziehung (4.23) besteht, wird der Einfluß des Gravitationsfeldes sowohl auf spinorielle wie auf tensorielle Materiefelder erfaßt. Hierbei sind die Spinor-Feldgleichungen EINSTEIN-invariant und LORENTZ-kovariant. Die Feldgleichungen für das Gravitationsfeld bestimmen die metrischen Spinvektoren (4.23) und damit den metrischen Tensor g_{ik}. Diese Gleichungen sind EINSTEIN-kovariant, aber nicht mehr kovariant gegenüber lokalen LORENTZ-Transformationen. Bei einer solchen Transformation entsteht vielmehr aus (4.45)

$$\Box\, \bar{h}^B{}_i + \varkappa\, \bar{h}^B{}_l\, T_i^{*l} = 2\, \eta^{mn}\, \omega^B{}_{A,m}\, h^A{}_{i,n} + h^A{}_i \,\Box\, \omega_A{}^B \,. \tag{4.52}$$

Die Gleichungen (4.45) bzw. (4.49) sind also kovariant nur gegenüber starren LORENTZ-Rotationen [11].

Werden also (mit vorgegebenen Anfangs- und Grenzbedingungen) die Feldgleichungen für die Materie und die Feldgleichungen für das Gravitationsfeld simultan gelöst, so ist das Gesamtergebnis EINSTEIN-kovariant, aber nicht allgemein LORENTZ-kovariant.

Diese Fernparallelisierung der V_4 ist durch die Dynamik der Materiefelder allem nicht feststellbar. Dagegen werden aber die $h^A{}_i$ über die Rückwirkung der Materiefelder auf die V_4 bestimmbar: Betrachten wir ein abgeschlossenes System „Gravitation plus Materie", so folgt aus der Dynamik der Materie die Metrik g_{ik}, und hieraus ergeben sich die Tetraden $h^A{}_i$ bis auf lokale LORENTZ-Transformationen. Die richtigen Tetraden (das wahre Bezugssystem) sind dann diejenigen linearen Ausdrücke $h^A{}_i = \omega^A{}_B\, h^B{}_i$, für die die Metrik g_{ik} bei gegebenem Materie-Tensor T_i^k Lösung der Feldgleichungen (4.50) ist.

Unabhängig von der Frage der physikalischen Bedeutung spinorieller Größen ergeben sich indirekte Konsequenzen der Tetradentheorie, die über die spezielle Form der Modifikation der analytischen Form der Feldgleichungen hinausgehen: In den Feldgleichungen der Tetradentheorie bedeutet die Ersetzung des metrischen Tensors g_{ik} durch die Tetradenfelder $h^A{}_i$ eine Radizierung des EINSTEINschen Gravitationspotentials. Durch die Feldgleichungen wird somit nicht die in die dynamischen Gleichungen eingehende Metrik g_{ik} selbst bestimmt, diese entstehen erst durch innere Multiplikation aus den Tetraden $h^A{}_i$ (vgl. hierzu besonders Kapitel 5, § 4).

Eine einen weiteren wesentlichen Unterschied zu den EINSTEINschen Gravitationsgleichungen bewirkende Eigenschaft der Wellengleichung (4.40a) ist ihre Formulierung in einer ebenen MINKOWSKIschen Raum-Zeit. Hieraus folgt, daß sich die Störungen des Gravitationsfeldes stets mit der Geschwindigkeit c fortpflanzen und nicht mit der von den $g_{ik}(x^l)$ abhängigen Lichtgeschwindigkeit in der V_4. Da diese Lichtgeschwindigkeit in allen regulären Fällen kleiner als c ist, pflanzen sich die Störungen des Gravitationsfeldes also schneller als das Licht fort. Die „Gravitonen" manifestieren sich also raum-zeitlich mit einer effektiven imaginären Ruhmasse.

Eine Wechselwirkung der Gravitation mit sich selbst ist in dieser Gravitationstheorie nur über die Kopplung mit der Materie möglich. Im Vakuum wirkt das Gravitationsfeld genauso wenig auf die Fortpflanzung der Gravitationsstrahlung wie ein elektromagnetisches Feld gemäß der MAXWELLschen Theorie auf diejenige der Lichtstrahlen.

Es besteht also trotz der weitgehenden Übereinstimmung der phänomenologischen Konsequenzen der hier diskutierten Gravitationstheorie mit der allgemeinen Relativitätstheorie in ihren logischen Strukturen ein wesentlicher Unterschied. Insbesondere ist das Gravitationsfeld gegenüber anderen Feldern auf andere Weise ausgezeichnet als dies in der allgemeinen Relativitätstheorie der Fall ist (s. § 4).. Die Quantisierung des Gravitationsfeldes erfolgt in der hier diskutierten Theorie im ebenen MINKOWSKIschen Raum und auch die charakteristischen Flächen dieser Theorie sind isotrope Flächen im MINKOWSKI-Raum. Dagegen werden hier wie in der allgemeinen Relativitätstheorie alle anderen Felder in der RIEMANNschen Raum-Zeit V_4 quantisiert, und die charakteristischen Flächen für nichtgravische ruhmasselose Felder sind isotrope Flächen der V_4.

§ 4. Nicht-LORENTZ-Transformationen des Bezugssystems

Die Feldgleichungen

$$\Box h^A{}_l + \frac{\varkappa}{2}(h^A{}_k T^{*k}{}_l + a_{ls} a^{kr} h^A{}_k T^{*s}{}_r) = 0 \tag{4.53}$$

sind so zu interpretieren: In der Raum-Zeit V_4 existiert eine ebene Hintergrundsmetrik $a_{ik} = \varphi^A{}_{,i} \varphi^B{}_{,k} \eta_{AB}$, so daß in bezug auf diese der MINKOWSKIsche Bezugsraum V_4^* und die Raum-Zeit V_4 äquivalent sind. Die Feldgleichungen definieren jedoch ein Feld

$$h^A{}_l(x^r) \qquad \text{mit} \qquad h^A{}_{l,r} - h^A{}_{r,l} \neq 0 \tag{4.54}$$

von Bezugssystemen, das im allgemeinen nicht in bezug auf eine ebene Metrik a_{ik}, sondern in bezug auf

$$g_{ik} = h^A{}_i h^B{}_k \eta_{AB} \tag{4.55}$$

orthonomiert ist.

Demnach sind (s. Kap. 4, § 1) für Tensorfelder die LORENTZ-kovarianten Gleichungen zwischen den Meßgrößen Tensorgleichungen äquivalent, die in der RIEMANNschen Metrik (4.55) definiert sind. Desgleichen sind für Spinorfelder die LORENTZ-kovarianten Ableitungen — und damit die Spinaffinitäten — in bezug auf die metrischen Spinvektoren $\sigma^{l\mu\dot\nu} = h^l{}_A\,\sigma^{A\mu\dot\nu}$ definiert. Das heißt, die Materiefelder entspannen bei Fortfall äußerer Kräfte nicht in einen ebenen V_4^*, sondern in einen RIEMANNschen V_4 mit der Metrik (4.55) [11].

Die durch (4.53) (bei vorgegebenen Grenz- und Anfangswerten) bestimmten Tetraden $h^A{}_l$ sind die Verallgemeinerung der inertialen Bezugssysteme der speziellen Relativitätstheorie. Die inertialen Bezugssysteme lauten in kartesischen Koordinaten:

$$\underset{0}{h}{}^A{}_l = \delta^A{}_l \tag{4.56}$$

und in allgemeinen Koordinaten dementsprechend

$$\underset{0}{h}{}^{|A}{}_l = \frac{\partial x^{|k}}{\partial x^{|l}}\,\delta^A{}_k = \varphi^A{}_{,l} \qquad \text{mit} \qquad \varphi^A = \varphi^A(x^{|l}) \,. \tag{4.56a}$$

Sie gehören zur ebenen Metrik

$$\eta_{ik} = \delta^A{}_i\,\delta^B{}_k\,\eta_{AB} \tag{4.57}$$

bzw.

$$a_{ik} = \varphi^A{}_{,i}\,\varphi^B{}_{,k}\,\eta_{AB} = \frac{\partial x^m}{\partial x^{|i}}\,\frac{\partial x^n}{\partial x^{|k}}\,\eta_{mn} \,. \tag{4.57a}$$

Im Vakuum werden die Feldgleichungen (4.53) zur Wellengleichung

$$\Box\, h^A{}_i = 0 \,. \tag{4.58}$$

Wenn durch die Wahl der Grenz- und Anfangsbedingungen die Existenz von freien Gravitationswellen ausgeschlossen ist, ist (in kartesischen Koordinaten) die singularitätsfreie Lösung von (4.58) mit den Grenzbedingungen

$$h^A{}_i \to \underset{0}{h}{}^A{}_i = \delta^A{}_i \qquad \text{für} \quad x^l \to \infty \tag{4.59}$$

das Inertialsystem (4.56). Diese Inertialsysteme überdecken die V_4 für den Fall, daß die Gravitationskonstante $\varkappa = 0$ gesetzt wird (Abschalten des Gravitationsfeldes). Wird bei Existenz von Materie das Gravitationsfeld wieder eingeschaltet, d. h. $\varkappa \neq 0$ gesetzt, so bedeutet dies eine Deformation der Inertialsysteme (4.56), die im allgemeinen einer anholonomen nicht-LORENTZschen Transformation entspricht, wie dies oben gefordert wurde.

Die Matrix $\Omega^A{}_B$ dieser anholonomen Transformationen sei (in kartesischen Koordinaten $\{x^l\}$) durch

$$h^A{}_i = \Omega^A{}_B(x^l)\,\delta^B{}_i \tag{4.60a}$$

mit dem Anholonomieobjekt

$$\Omega^A{}_{B,E} - \Omega^A{}_{E,B} \neq 0 \tag{4.60b}$$

gegeben. Die anholonomen Transformationen führen die inertialen Tetraden $\delta^B{}_i$ in die allgemeinen Tetraden $h^A{}_i$ über mit

$$h^A{}_i = \Omega^A{}_B\, \delta^B{}_i = \eta^{A\,C}\, \Omega_C{}^B\, \eta_{B\,D}\, \delta^D{}_i \tag{4.61 a}$$

und

$$h_A{}^i = \eta_{A\,C}\, \Omega^C{}_B\, \delta^B{}_l\, g^{i\,l} = h^B{}_l\, \eta_{A\,B}\, g^{il}\,. \tag{4.61 b}$$

Nun ist definitionsgemäß

$$h^A{}_i\, h^B{}_k\, \eta_{A\,B} = g_{i\,k} \tag{4.62 a}$$

und

$$h^i{}_A\, h^k{}_B\, g_{i\,k} = \eta_{A\,B}\,. \tag{4.62 b}$$

Mit der zu $\delta^A{}_l$ reziproken Matrix

$$\delta^l{}_A = \eta^{lk}\, \eta_{A\,B}\, \delta^B{}_k \tag{4.62 c}$$

lautet (4.61 b) daher

$$h_A{}^i = \Omega^{-1}{}_A{}^B\, \delta^i{}_B\,, \tag{4.63}$$

wobei $\Omega^{-1}{}_A{}^B$ die zu $\Omega_A{}^B$ transponierte reziproke Matrix ist:

$$\Omega_A{}^B\, \Omega^{-1\,C}{}_B = \delta_A{}^C = \Omega^B{}_A\, \Omega^{-1}{}_B{}^C\,. \tag{4.64}$$

Damit finden wir

$$g_{i\,k} = \Omega^A{}_C\, \Omega^B{}_D\, \delta^C{}_i\, \delta^D{}_k\, \eta_{A\,B} = \gamma_{C\,D}\, \delta^C{}_i\, \delta^D{}_k \tag{4.65 a}$$

und

$$g^{i\,k} = \Omega^{-1\,C}_{\;A}\, \Omega^{-1\,D}_{\;B}\, \delta^i{}_C\, \delta^k{}_D\, \eta^{A\,B} = G^{C\,D}\, \delta^i{}_C\, \delta^k{}_D\,. \tag{4.65 b}$$

Die Matrizen

$$\gamma_{A\,B} = \delta^i{}_A\, \delta^k{}_B\, g_{i\,k} = \Omega^C{}_A\, \Omega^D{}_B\, \eta_{C\,D} \tag{4.66 a}$$

und

$$G^{A\,B} = \delta^A{}_i\, \delta^B{}_k\, g^{i\,k} = \Omega^{-1\,A}_{\;C}\, \Omega^{-1\,B}_{\;D}\, \eta^{C\,D} \tag{4.66 b}$$

sind zueinander reziprok:

$$G_{A\,C}\, \gamma_B{}^C = \delta^A{}_B\,. \tag{4.66 c}$$

Für den Fall, daß

$$\gamma_{A\,B} = \eta_{A\,B} \tag{4.67 a}$$

gilt, ist auch

$$G^{A\,B} = \eta^{A\,B}\,, \tag{4.67 b}$$

und die Transformationen sind LORENTZ-Rotationen mit

$$\Omega^A{}_B = \Omega^{-1}{}_B{}^A = \omega^A{}_B\,. \tag{4.67 c}$$

Die zu (4.65) inversen Transformationen führen die RIEMANNsche Metrik $g_{i\,k}$ in die ebene Metrik $\eta_{i\,k}$ über. Es ist

$$\eta_{A\,B} = \Omega_{A\,C}\, \Omega_{B\,D}\, G^{C\,D} = \Omega^{-1\,C}_{\;A}\, \Omega^{-1\,D}_{\;B}\, \gamma_{C\,D}\,, \tag{4.68}$$

so daß mit (4.62 c)

$$\begin{aligned} \eta_{i\,k} &= \delta_i{}^A\, \delta_k{}^B\, \eta_{A\,B} = \delta_i{}^A\, \delta_k{}^B\, \Omega_{A\,C}\, \Omega_{B\,D}\, \delta^C{}_m\, \delta^D{}_n\, g^{m\,n} \\ &= \delta^A{}_i\, \delta^B{}_k\, \Omega^{-1\,C}_{\;A}\, \Omega^{-1\,D}_{\;B}\, \delta^m{}_C\, \delta^n{}_D\, g_{m\,n} \end{aligned} \tag{4.69}$$

gilt. Die ebene Metrik η_{ik} ist also durch die $\Omega_A{}^B$ und die g^{ik} (bzw. für die hierzu inversen Matrizen $\Omega^{-1}{}_{A\cdot}^{B}$ und g_{ik}) ausdrückbar.

Bei Verwendung eines krummlinigen Koordinatensystems $\{x^{|l}\}$ mit

$$\varphi^i(x^{|l}) = \delta^i{}_A\,\varphi^A(x^{|l}) = x^i(x^{|l}) \tag{4.70a}$$

gehen die inertialen Tetraden $\underset{0}{h}{}^A{}_i = \delta^A{}_i$ über in

$$\underset{0}{h}{}^{|A}{}_i = \underset{0}{h}{}^A{}_l \frac{\partial x^l}{\partial x^{|i}} = \varphi^A{}_{,i} = \frac{\partial x^A}{\partial x^{|i}} \tag{4.70b}$$

und die wahren (RIEMANNschen) Tetraden $h^A{}_i$ in

$$h^{|A}{}_i = \Omega^A{}_B\,\underset{0}{h}{}^{|B}{}_i = \Omega^A{}_B\,\varphi^B{}_{,i}\,. \tag{4.70c}$$

Für die Metriken finden wir so beziehungsweise

$$\begin{aligned} g^{|}{}_{ik} &= h^{|A}{}_i\,h^{|B}{}_k\,\eta_{AB} = \gamma_{AB}\,\varphi^A{}_{,i}\,\varphi^B{}_{,k} = \Omega^A{}_C\,\Omega^B{}_D\,\eta_{AB}\,\varphi^C{}_{,i}\,\varphi^D{}_{,k} \\ &= \Omega_{AC}\,\Omega_{BD}\,\varphi^A{}_{,m}\,\varphi^B{}_{,n}\,a^{mn}\,\varphi^C{}_{,i}\,\varphi^D{}_{,k} \end{aligned} \tag{4.71a}$$

und

$$\begin{aligned} a_{ik} &= \varphi^A{}_{,i}\,\varphi^B{}_{,k}\,\Omega_{AC}\,\Omega_{BD}\,\delta^C{}_m\,\delta^D{}_n\,g^{mn} \\ &= \varphi^A{}_{,i}\,\varphi^B{}_{,k}\,\Omega_{AC}\,\Omega_{BD}\,\varphi^C{}_{,m}\,\varphi^D{}_{,n}\,g^{mn} \end{aligned} \tag{4.71b}$$

mit

$$a_{ik}(x^{|l}) = \varphi^A{}_{,i}\,\varphi^B{}_{,k}\,\eta_{AB} = \frac{\partial x^m}{\partial x^{|i}}\,\frac{\partial x^n}{\partial x^{|k}}\,\eta_{mn}\,. \tag{4.71c}$$

Wird schließlich das inertiale Bezugssystem im ebenen Raum starr LORENTZ-verdreht, geht man also zu einem gegenüber dem ursprünglichen gleichförmig translatorisch bewegten Bezugssystem in der ebenen Raum-Zeit über, so gilt für die alten $h^A{}_i$ einfach die Darstellung

$$h^A{}_i = \Omega^A{}_B\,\beta_C{}^B\,\underset{0}{\bar{h}}{}^C{}_i\,. \tag{4.72a}$$

Hierbei sind die inertialen Tetraden

$$\underset{0}{\bar{h}}{}^A{}_i = \beta^A{}_C\,\delta^C{}_i \tag{4.72b}$$

gegenüber den ursprünglichen Tetraden $\delta^A{}_i$ mit der konstanten Matrix

$$\beta^A{}_C\,\beta_B{}^C = \delta^A{}_B; \quad (\beta^A{}_{C,l} = 0) \tag{4.72c}$$

LORENTZ-verdreht[1]).

[1]) In der speziellen Relativitätstheorie ist es üblich, die starren LORENTZ-Rotationen (4.72c) der Bezugs-Tetraden mit einer simultanen kontragredienten Transformation des Koordinatensystems

$$\bar{x}^i = \beta^i{}_l\,x^l \qquad \text{mit} \qquad \beta^i{}_l = \delta^i{}_A\,\delta^B{}_l\,\beta^A{}_B$$

zu koppeln, so daß dann in allen inertialen Bezugssystemen

$$\underset{0}{h}{}^A{}_i = \beta^A{}_B\,\beta_i{}^l\,\delta^B{}_l = \delta^A{}_i$$

gilt.

Aus den Feldgleichungen (4.53) erhalten wir mit (4.60)

$$\delta^B{}_i \,\Box\, \Omega^A{}_B + \varkappa\, \Omega^A{}_C\, \delta^C{}_l\, Q^l{}_i = 0\,, \tag{4.73}$$

d. h.

$$\Box\, \Omega^A{}_B + \varkappa\, \Omega^A{}_C\, Q^{\overline{C}}{}_{\overline{B}} = \Box\, \Omega^A{}_B + \varkappa\, Q^{\overline{A}}{}_{\overline{B}} = 0\,. \tag{4.74}$$

Hierbei enthält der auf die Transformations-Matrix $\Omega^A{}_B$ wirkende (lineare) Operator mit

$$Q^{\overline{A}}{}_{\overline{B}} = \delta^A{}_i\, \delta^k{}_B\, Q^i{}_k \tag{4.75}$$

nur in der ebenen V_4^* (d. h. nach Abschaltung der Gravitation) definierte Größen.

Die Feldgleichungen (4.74) bestimmen also diejenige Transformations-Matrix $\Omega^A{}_B$, die die Inertialsysteme der ebenen Raum-Zeit V_4^* in die ,,inertialsten Bezugssysteme" der physikalischen V_4 mit Gravitationsfeld und allgemein die speziell-relativistischen Meßwerte einer Größe Φ^i

$$\Phi^{\overline{A}} = \delta^A{}_i\, \Phi^i \tag{4.76a}$$

in ihre tatsächlichen allgemein-relativistischen Werte

$$\Phi^A = h^A{}_i\, \Phi^i = \Omega^A{}_C\, \Phi^{\overline{C}} \tag{4.76b}$$

transformiert. — Wegen des kovarianten Charakters der Gleichungen (4.73) gelten diese ersichtlich bei beliebiger Koordinatenwahl.

Diese Beziehungen zeigen, daß in die Feldtheorie als unabhängige Größen im Prinzip tatsächlich entweder die ebene Metrik oder nur die RIEMANNsche Metrik einerseits und die Transformationsmatrizen andererseits eingehen.

Anstelle der inertialen (MINKOWSKIschen) Meßwerte $Q^{\overline{A}}{}_{\overline{B}}$ können wir zur Bestimmung der Transformationsmatrix $\Omega^A{}_B$ auch die wahren (inertialsten) Meßwerte

$$Q^A{}_B = h^A{}_i\, h_B{}^k\, Q^i{}_k = \Omega^A{}_C\, \Omega_B{}^D\, Q^{\overline{C}}{}_{\overline{D}} \tag{4.77}$$

von $Q^i{}_k$ einführen. Dies gibt

$$\Box\, \Omega_A{}^C + \varkappa\, Q_A{}^B\, \Omega^{-1}{}_B{}^C = 0\,, \tag{4.78}$$

so daß hier anstelle von Ω_{AB} die inverse Matrix Ω^{-1}_{AB} mit den Meßwerten des Materie-Tensors gekoppelt ist.

Demnach ist die Tetradentheorie der Gravitation eine Theorie der anholonomen Transformationen, die eine ebene V_4^* mit einem pseudo-euklidischen (inertialen) Tetradenfeld in eine RIEMANNsche V_4 mit eindeutig bestimmten (inertialstem) Tetradenfeld überführen. Die Einführung einer ebenen Metrik neben der RIEMANNschen Metrik g_{ik} bedeutet also keine weitere Strukturierung der Mannigfaltigkeit V_4, die über Dualisierungen der V_4 durch die Vorgabe eines (bis auf globale LORENTZ-Transformationen bestimmten) Tetradenfeldes hinausgeht.

Die Vorstellung, daß das Wesen der Gravitation die Verbiegung der inertialen Bezugssysteme der speziellen Relativitätstheorie durch anholonome Transformationen und damit eine anholonome Transformation einer ebenen MINKOWSKIschen in eine RIEMANNsche Metrik g_{ik} ist, ist — wie in der Einleitung erörtert — die primäre Intuition EINSTEINS. Sie wurde von EINSTEIN 1912 in seiner Diskussion mit MAX ABRAHAM über Gravitation und Relativitätsprinzip entwickelt. EINSTEIN faßte hier als Aufgabe der Gravitationstheorie die Bestimmung der zu den konkreten Gravitationsfeldern gehörenden anholonomen nicht-LORENTZschen Transformationen $\Omega^A{}_B(x^l)$ aus (4.61) auf. Die Bezugstetraden-Theorie der Gravitation, nach der das Gravitationsfeld explizit als anholonome „Verbiegung" der pseudo-euklidischen inertialen Bezugstetraden eingeführt wird, so daß die Feldgleichungen des Gravitationsfeldes die Deformationsmatrix direkt bestimmen, ist also ein Versuch einer Realisierung einer ursprünglichen Idee EINSTEINS.

Entsprechend dieser Konzeption ist das Gravitationsfeld gemäß seiner erkenntnistheoretischen Herleitung ein „Feld", das von den Materiefeldern sehr verschieden ist und auch nicht einfach additiv zu den Materiefeldern als ultraschwaches Feld hinzutritt. (Die „Ankopplung" der Gravitation erfolgt auch nicht durch die Einführung neuer Terme in die LAGRANGE-Funktion für die Materiefelder.)

Literatur

[1] EINSTEIN, A.: RIEMANN-Geometrie unter Aufrechterhaltung des Begriffes Fernparallelismus. Berliner Berichte (1928), 215.
[2] EISENHART, L. P.: Non-RIEMANNian Geometry. New York 1927.
[3] INFELD, L. und B. L. V. D. WAERDEN: Die Wellengleichung des Elektrons in der allgemeinen Relativitätstheorie. Berliner Berichte (1933).
[4] IWANENKO, D. D.: Gravitation and Unified Picture of Matter. Atti des Congresso Sulla Relatività Generale. Florenz 1965, p. 205.
[5] SCHOUTEN, J. A.: RICCI-Calculus. Berlin, Göttingen, Heidelberg 1953.
[6] TREDER, H.-J.: LORENTZ-Gruppe, EINSTEIN-Gruppe und Raumstruktur in: Entstehung, Entwicklung und Perspektiven der EINSTEINschen Gravitationstheorie". Berlin 1966, p. 5.
[7] TREDER, H.-J.: Annalen der Physik **20** (1967), 194.
[8] TREDER, H.-J.: Mathematische Nachrichten (1969).
[9] TREDER, H.-J.: International Journal of Theoretical Physics. **3** (1970).
[10] Elementarteilchen und kompensierende Felder. (Sammelband, russ.), Moskau 1964.
[11] IWANIZKAJA, O. S.: Verallgemeinerte LORENTZ-Darstellungen und ihre Anwendungen. (russ.) Minsk 1969.
[12] WEYL, H.: Zeitschrift für Physik **56** (1929), 330.
[13] EINSTEIN, A. und MAYER, W.: Semi-Vektoren und Spinoren, Berliner Berichte (1932), 522.
[14] HEISENBERG, W.: Einführung in die einheitliche Feldtheorie der Elementarteilchen. Stuttgart 1967.

KAPITEL 5. ABSORPTION DER SCHWERKRAFT

In Kapitel 4 wurde gezeigt, daß die Festlegung der Tetraden keine direkten physikalischen Konsequenzen hat, wenn nur die Wirkungen vorgegebener Gravitationsfelder betrachtet werden und wenn tatsächlich nur tensorielle Größen meßbar sind: Die Festlegung der Tetraden kann sich nur über das an die Materie gekoppelte Gravitationsfeld bemerkbar machen, z. B. in der Abhängigkeit des effektiven Beitrages eines Körpers zum Gravitationsfeld von dem Gravitationsfeld der übrigen Materie.

Die in Kapitel 4 dargelegte Tetradentheorie unterscheidet sich im Hinblick auf die Wechselwirkung, die durch die Gleichungen (4.45) beschrieben wird, in zwei Punkten wesentlich von der allgemeinen Relativitätstheorie:

(1) Die die Geometrie der Raum-Zeit-Welt bestimmenden Funktionen ergeben sich in der Tetradentheorie als inneres Produkt der Gravitationspotentiale $h^A{}_i$. — Konsequenzen, die sich aus diesem Punkte ergeben, sind also unmittelbare Folgen der Brechung des starken Äquivalenzprinzips und erlauben einen Test des starken Äquivalenzprinzips (und damit auch einen Test für das in Kapitel 4 erläuterte allgemeine Relativitätsprinzip).

(2) Die Materie ist in den Gleichungen (4.45) potentialartig an das Gravitationsfeld gekoppelt. — Die potentialartige Kopplung ist in einer konsequenten Tetradentheorie zwangsläufig, obwohl natürlich verschiedene Formen dieser Kopplung denkbar sind. Die aus der Art der Kopplung folgenden Konsequenzen sind, sofern man sie mit dem Experiment vergleichen kann, ein Test für die angenommene Kopplung und indirekt ein Test für die Brechung des starken Äquivalenzprinzips in einer Tetradentheorie.

Im weiteren werden einige Ergebnisse der Tetradentheorie mit denen der allgemeinen Relativitätstheorie und den Beobachtungstatsachen verglichen. Im Kapitel 5 im § 1 werden die Werte der Rotverschiebung, der Lichtablenkung und der Periheldrehung den entsprechenden Werten der allgemeinen Relativitätstheorie gegenübergestellt. In den §§ 2 und 3 werden dann die Effekte diskutiert, die sich unter dem Sammelbegriff: Absorption der Schwerkraft zusammenfassen lassen; wir wollen dabei insbesondere zwischen den aus (1) und (2) folgenden Konsequenzen unterscheiden.

§ 1. EINSTEINsche Effekte

Ein notwendiges Kriterium für die phänomenologische Gravitationstheorie ist eine physikalisch richtige Behandlung des Grenzfalles schwacher statischer

Gravitationsfelder in angenäherten inertialen Bezugssystemen bei punktförmiger bzw. insularer Verteilung der Materie. Hierzu gehen wir zunächst zu der linearen Näherung der Gravitationsgleichungen über und zeigen, daß diese gemeinsam mit der dynamischen Gleichung (4.43) die lineare Näherung der EINSTEINschen Gravitationstheorie liefern [1].

Es ist zweckmäßig, die Tetraden hierzu in der Form

$$h^A{}_i = \delta^A{}_i + \chi^A{}_i \tag{5.1}$$

anzusetzen, wobei die Voraussetzungen schwacher Gravitationsfelder und quasiinertialer Bezugssysteme

$$\text{Betrag}\ \chi^A{}_i \ll 1 \tag{5.1a}$$

bedeuten. Für den metrischen Tensor folgt aus (5.1) in Strenge

$$g_{ik} = \eta_{ik} + \eta_{AB}(\delta^A{}_i \chi^B{}_k + \delta^B{}_k \chi^A{}_i) + \eta_{AB}\chi^A{}_i \chi^B{}_k \tag{5.2}$$

und als lineare Näherung mit (5.1a)

$$g_{ik} = \eta_{ik} + \chi_{ki} + \chi_{ik} = \eta_{ik} + \gamma_{ik} \qquad (\text{Betrag der } \gamma_{ik} \ll 1)\,. \tag{5.2a}$$

Sind insbesondere die Tetraden (5.1) das Ergebnis einer infinitesimalen LORENTZ-Rotation, so gilt

$$\chi_{ik} = -\chi_{ki}\,, \quad \gamma_{ik} = 0\,. \tag{5.2b}$$

Mit (5.1a) lauten die Feldgleichungen (4.45) in linearer Näherung

$$\Box \chi^A{}_i + \varkappa\, \delta^A{}_i\, T_i^{*l} = 0\,, \tag{5.3}$$

während für die Metrik in derselben Näherung ([1], [8])

$$\Box\, \gamma_{ik} = -2\,\varkappa\, T^*_{ik} \tag{5.3a}$$

folgt. Man entnimmt aus (5.3a), daß ein Tetradenfeld, das durch eine bloße LORENTZ-Rotation aus den KRONECKER-Symbolen $\delta^A{}_l$ entsteht, keine Näherungslösung der Feldgleichungen mit Materie ist.

Wir betrachten nun eine inkohärente Materie T_i^k im Ruhsystem. — Dies führt zu

$$T^{*\nu}_{\mu} = -\frac{1}{2}\,\varrho\,\delta\,\mu_\mu{}^\nu, \quad T^{*0}_{0} = \frac{\varrho}{2}, \quad T^{*0}_{\mu} = T^{*\mu}_{0} = 0 \qquad (\mu, \nu = 1, 2, 3). \tag{5.4a}$$

Die Lösung von (5.3) lautet mit (5.4a)

$$\chi^0{}_0 = -\frac{a}{r}, \quad \chi^\mu{}_\nu = \frac{a}{r}\,\delta^\mu{}_\nu \quad (\mu, \nu = 1, 2, 3) \quad \text{mit} \quad a = G m_A c^{-2}. \tag{5.4b}$$

(5.4b) ist gleichzeitig die strenge Lösung der Feldgleichungen für eine punktförmige polartige Materie der Masse m_A als Feldquelle.

Mit (5.4b) erhalten wir für den metrischen Tensor in Strenge die statische kugelsymmetrische Vakuumlösung für einen Massenmonopol (das ist ein punktförmiges Teilchen ohne innere Struktur):

$$g_{\mu\nu} = -\delta_{\mu\nu}\left(1 + \frac{a}{r}\right)^2, \quad g_{00} = \left(1 - \frac{a}{r}\right)^2, \quad g_{0\mu} = 0 \quad (\mu, \nu = 1, 2, 3)\,. \tag{5.5}$$

Wir vergleichen (5.5) mit der SCHWARZSCHILDschen Lösung der EINSTEINschen Gravitationsgleichungen in harmonischen Koordinaten

$$\begin{aligned} ds^2 = c^2\,dt^2\,\frac{r-a}{r+a} - \left(1 + \frac{a}{r}\right)^2 ((dx^1)^2 + (dx^2)^2 + (dx^3)^2) \\ - \frac{r+a}{r-a}\,\frac{a^2}{r}\,(x^1\,dx^1 + x^2\,dx^2 + x^3\,dx^3)^2 \end{aligned} \tag{5.6}$$

und stellen fest, daß in linearer Näherung, d. h. bis auf Terme proportional a^2, beide Metriken übereinstimmen. Hingegen differiert die 2. Näherung (s. u.).

Ferner folgt aus den dynamischen Gleichungen sowohl für Punktmassen wie für Photonen das geodätische Bewegungsgesetz in bezug auf die Metrik (5.5). Daher erhalten wir als Gravitationseffekte der 1. Näherung die NEWTONsche Bewegungsgleichung im Schwerefeld der Masse m_A (KEPLER-Bewegung), die EINSTEINsche Rotverschiebung im Schwerefeld gemäß

$$\frac{\Delta\nu}{\nu} = -\frac{a}{r}$$

und schließlich den EINSTEINschen Wert für die Lichtablenkung gemäß dem Ausdruck

$$V = \sqrt{\frac{g_{00}}{g_{11}}} \approx \left(1 - \frac{2\,a}{r}\right) c \tag{5.7}$$

für die effektive Lichtgeschwindigkeit V im Schwerefeld einer Punktmasse m_A.

Zur Untersuchung der Periheldrehung benötigen wir das Linienelement des dreidimensionalen Raumes nur in linearer Näherung, hingegen die Komponente g_{00} in nichtlinearer Näherung:

$$ds^2 = c^2\left(1 - \frac{a}{r}\right)^2 dt^2 - \left(1 + \frac{2\,a}{r}\right)((dx^1)^2 + (dx^2)^2 + (dx^3)^2)\,. \tag{5.8}$$

Das geodätische Bewegungsgesetz in bezug auf die Metrik (5.8) liefert folgenden Ausdruck für die Bewegung des Perihels ([1], [4]):

$$\Delta\varphi = 2\,\pi\left(1 + 7\,\frac{a(u_1 + u_2)}{4}\right), \quad \text{d. i.} \quad \Delta\varphi = \frac{7}{6}\,\Delta\varphi_{\text{Einstein}}\,. \tag{5.9}$$

Dieser Ausdruck läßt sich noch etwas korrigieren. Denn die zu den Feldgleichungen gehörende allgemeine äußere statische kugelsymmetrische Metrik für polartige Feldquellen hängt nicht allein von der SCHWARZSCHILDschen Konstanten, sondern von 2 Konstanten ab:

$$g_{\mu\nu} = -\delta_{\mu\nu}\left(1 + \frac{b}{r}\right)^2, \quad g_{00} = \left(1 - \frac{a}{r}\right)^2, \quad g_{0\nu} = 0 \quad (\mu, \nu = 1, 2, 3)\,. \tag{5.10}$$

Die Metrik (5.10) gehört zu einer nicht punktförmigen kugelsymmetrischen Massenverteilung (s. § 2). Der Ansatz $a \neq b$ modifiziert nicht die NEWTONsche Näherung, wohl aber neben dem Ausdruck für die Perihel-Drehung auch denjenigen für die Lichtablenkung.

Während in den Vakuum-Lösungen das Verhältnis der SCHWARZSCHILDschen Konstante a zur Konstante b unbestimmt bleibt, wird dieses Verhältnis bei vorgegebener Struktur der das Feld erzeugenden Materie durch die Bedingungen für die Anschließbarkeit des äußeren an das innere Feld bestimmt. Für physikalische Bedingungen, wie sie in normalen Sternen (z. B. in der Sonne) realisiert sind, gilt $a \approx b$ (s. den folgenden Paragraphen). — Wesentliche Abweichungen von den EINSTEINschen und NEWTONschen Verhältnissen ergeben sich hingegen, wenn im Bereich der insularen Materie die Gravitationsdrucke hoch sind.

§ 2. Statische kugelsymmetrische Materieverteilung

Der statische Materietensor einer perfekten Flüssigkeit hat die Form

$$T_i^k = \begin{pmatrix} \varrho & 0 & 0 & 0 \\ 0 & -p & 0 & 0 \\ 0 & 0 & -p & 0 \\ 0 & 0 & 0 & -p \end{pmatrix}. \tag{5.11}$$

Für das Linienelement der Raum-Zeit-Welt machen wir den Ansatz

$$ds^2 = \varphi(r)^2\, dt^2 - g(r)^2\,(dx_1{}^2 + dx_2{}^2 + dx_3{}^2) \tag{5.12}$$

und setzen für die Tetraden und die Metrik a_{ik} des ebenen Raumes, in dem die Gravitationsgleichungen formuliert sind,

$$h^0{}_0 = \varphi\,, \quad h^\mu{}_\nu = \delta^\mu{}_\nu\, g\,, \quad h^\mu{}_0 = h^0{}_\mu = 0 \quad (\mu, \nu = 1, 2, 3)\,, \qquad a_{ik} = \eta_{ik}\,. \tag{5.13}$$

Die Feldgleichungen für das Tetradenfeld (4.45)

$$\Box\, h^A{}_i + \varkappa\, h^A{}_l\, T_i^{*\,l} = 0 \tag{5.14}$$

reduzieren sich dann auf die beiden Gleichungen

$$\Delta\varphi = \frac{1}{2}\,\varkappa\,\varphi\,(\varrho + 3\,p)\,, \tag{5.15a}$$

$$\Delta g = -\frac{1}{2}\,\varkappa\, g\,(\varrho - p)\,. \tag{5.15b}$$

Für die statische kugelsymmetrische Vakuumlösung ($p = 0$, $\varrho = 0$) erhält man daraus

$$\varphi = 1 - \frac{a}{r}\,, \qquad g = 1 + \frac{b}{r} \tag{5.16}$$

bzw. die Metrik (5.10)

$$g_{00} = \left(1 - \frac{a}{r}\right)^2, \quad g_{\mu\nu} = -\delta_{\mu\nu}\left(1 + \frac{b}{r}\right)^2, \quad g_{\nu 0} = 0 \quad (\mu, \nu = 1, 2, 3). \tag{5.17}$$

Diese Metrik unterscheidet sich stark von der statischen kugelsymmetrischen Lösung (5.6) der allgemeinen Relativitätstheorie. Während die für die SCHWARZSCHILD-Lösung (5.6) charakteristische Fläche $r = 2\,m$ (SCHWARZSCHILD-Fläche) eine für Teilchen semi-permeable Fläche ist, ist die der SCHWARZSCHILD-Fläche entsprechende Fläche der Lösung (5.17) eine für Teilchen völlig undurchlässige Barriere. Wir kommen darauf am Ende dieses Paragraphen noch einmal zurück.

Ein weiterer Unterschied besteht, wie schon erwähnt, darin, daß die Lösung (5.17) nicht nur von der SCHWARZSCHILDschen Konstanten m allein, sondern von zwei Konstanten abhängt. Das Verhalten dieser beiden Konstanten wird bei vorgegebener Struktur der insularen Materieverteilung durch die Anschlußbedingungen festgelegt. In der allgemeinen Relativitätstheorie gilt für zeitabhängige Gravitationsfelder, die zu einer Materieinsel gehören, asymptotisch

$$g_{00} = 1 - \frac{2\,m}{r}, \quad g_{\mu\nu} = -\delta_{\mu\nu}\left(1 + \frac{2\,m}{r}\right), \quad g_{0\mu} = 0 \quad (\mu, \nu = 1, 2, 3).$$

Die SCHWARZSCHILDsche Masse ist dabei gemäß den Theoremen von TOLMAN und EINSTEIN und PAULI gegeben durch

$$m = \frac{2G}{c^4}\int \sqrt{-g}\, T^{*0}_{0}\, d^3x = \frac{G}{c^4}\int \sqrt{-g}\,(T_0{}^0 - T_\nu{}^\nu)\, d^3x\,. \tag{5.18}$$

Mit der EINSTEINschen Koordinatenwahl $\sqrt{-g} = 1$ bedeutet dies

$$m = \frac{G}{c^4}\int (T_0{}^0 - T_\nu{}^\nu)\, d^3x\,. \tag{5.19}$$

In unserem Fall einer perfekten Flüssigkeit gilt für den Materietensor

$$T_0{}^0 = \varrho\,, \quad T_\mu{}^\nu = -p\,\delta_\mu{}^\nu \quad (\mu, \nu = 1, 2, 3)\,. \tag{5.20}$$

Für die Masse m finden wir daher

$$m = \frac{G}{c^4}\int (\varrho + 3\,p)\, d^3x\,. \tag{5.21}$$

In der Tetradentheorie ist die äußere statische Metrik durch die 2-Konstanten-Lösung (5.16) gegeben. Um nun beim Vergleich der beiden Konstanten a und b die Effekte, die sich aus der potentialartigen Kopplung ergeben, besser abspalten zu können, wollen wir die Gleichungen (5.14) bzw. (5.15) symbolisch so schreiben [2]:

$$\Box\, h^A{}_i + \varkappa\, M^A{}_i = 0 \tag{5.22}$$

bzw.

$$\Delta\varphi = \varkappa\, M^0{}_0\,, \quad \Delta g = -\varkappa\, M^1{}_1\,, \tag{5.23}$$

wobei die konkrete Form von $M^A{}_i$ bis auf die Forderung $M^A{}_i = k^A{}_k\, T^{*k}_i$ (die k^A_i seien vier beliebige Vektorfelder) offengelassen werden soll.

Aus (5.23) erhalten wir dann mit dem kugelsymmetrischen Ansatz für ein statisches äußeres Feld auf Grund des GAUSSschen Integralsatzes

$$a = \frac{2G}{c^4} \int M^0{}_0\, d^3x = \frac{G}{c^4} \int k^0{}_0 (\varrho + 3\,p)\, d^3x\,, \tag{5.24a}$$

$$b = \frac{2G}{c^4} \int M^1{}_1\, d^3x = \frac{G}{c^4} \int k^1{}_1 (\varrho - p)\, d^3x\,. \tag{5.24b}$$

Diese Integrale sind im allgemeinen voneinander verschieden; insbesondere bewirkt der Druck p eine Vergrößerung der Konstanten a und eine Verkleinerung der Konstanten b. Setzen wir z. B. $k^A{}_i = \delta^A{}_i$ (neben den $h^A{}_i$ führen wir also vier weitere Vektorfelder ein, die wir als konstant voraussetzen), so folgt $a > b$.[1]) [2]. Im vorliegenden Fall der potentialartigen Kopplung

$$M^A{}_i = h^A{}_k\, T^{*k}_i\,, \qquad a = \frac{G}{c^4} \int \varphi\, (\varrho + 3\,p)\, d^3x\,, \qquad b = \frac{G}{c^4} \int g\, (\varrho - p)\, d^3x \tag{5.25}$$

tritt aber ein zweiter Effekt entgegengesetzter Richtung auf. Aus den Gleichungen (5.15a) und (5.15b) und den Bedingungen $\varphi \to 1$ und $g \to 1$ für $r \to \infty$ folgt nämlich

$$\varphi < 1 \qquad \text{und} \qquad g > 1\,.$$

Für $p = 0$ erhält man damit aus (5.25) und (5.19) $a < m < b$.

Um diese beiden Effekte zu vergleichen, betrachten wir eine inkompressible Flüssigkeit: $\varrho = \text{const.}$ [3]. Die dynamische Gleichung für den Materietensor (5.11) lautet dann wegen (5.12)

$$\varphi \frac{dp}{dr} + (\varrho + p) \frac{d\varphi}{dr} = 0\,. \tag{5.26}$$

Die Gleichungen (5.15) und (5.16) sollen nun durch ein Iterationsverfahren gelöst werden. Dazu werden φ, g und p in eine Reihe nach Potenzen von $(1/2)\,\varkappa\,\varrho$ entwickelt. Durch Einsetzen in (5.15) und (5.26) erhält man dann

$$\left.\begin{aligned}
p &= \varrho \left[\frac{R^2 - r^2}{6} \frac{\varkappa \varrho}{2} + \frac{3\,R^4 - 5\,R^2 r^2 + 2\,r^4}{45} \left(\frac{\varkappa\varrho}{2}\right)^2 + 0\left(\left(\frac{\varkappa\varrho}{2}\right)^3\right)\right],\\
\varphi &= 1 - \frac{3\,R^2 - r^2}{6} \frac{\varkappa \varrho}{2} + \frac{5\,R^4 - r^4}{60} \left(\frac{\varkappa\varrho}{2}\right)^2 + 0\left(\left(\frac{\varkappa\varrho}{2}\right)^3\right),\\
g &= 1 + \frac{3\,R^2 - r^2}{6} \frac{\varkappa \varrho}{2} + \frac{3\,R^4 - R^2 r^2}{18} \left(\frac{\varkappa\varrho}{2}\right)^2 + 0\left(\left(\frac{\varkappa\varrho}{2}\right)^3\right).
\end{aligned}\right\} \tag{5.27}$$

(R ist der Radius der kugelsymmetrischen Materieverteilung). Vernachlässigt man Terme höherer Ordnung, so erhält man aus den Formeln (5.25) und (5.27)

$$a = m\left(1 - \frac{3}{5}\frac{m}{R} + \frac{3\,m^2}{R^2} + \cdots\right), \qquad b = m\left(1 + \frac{m}{R} + \frac{27}{35}\frac{m^2}{R^2} + \cdots\right). \tag{5.28}$$

---

[1]) Es handelt sich dabei um einen Spezialfall der auf Seite 81 angegebenen Kopplung.

Um den Druckeffekt in diesen Formeln zu isolieren, kann man die Reihen (5.27) in dem formalen Fall $p = 0$ unter Vernachlässigung von Gleichung (5.26) benutzen. Man erhält dann

$$a = m\left(1 - \frac{6}{5}\frac{m}{R} + 0\left(\frac{m^2}{R^2}\right)\right), \qquad b = m\left(1 + \frac{6}{5}\frac{m}{R} + 0\left(\frac{m^2}{R^2}\right)\right). \quad (5.29)$$

Der Vergleich von (5.28) und (5.29) zeigt, daß der Druckeffekt von derselben Größenordnung ist wie der Effekt der potentialartigen Kopplung; im allgemeinen überwiegt aber der letztere, so daß gilt

$$a < m < b \qquad \text{bzw.} \qquad \chi = \frac{b}{a} > 1\,. \quad (5.30)$$

Die Gültigkeit der Iterationsmethode ist nur für dichte Sterne, für die m und R von gleicher Größenordnung sind, zweifelhaft. Ist aber $R < 2\,m$, so sieht man sofort ein, daß der durch die potentialartige Kopplung verursachte Effekt den Druckeffekt übertrifft. Dann ist nämlich φ an der Oberfläche und in der Materieverteilung kleiner als 1/2. Aus der Materiebedingung $\varrho > 3\,p$ folgt damit

$$(\varrho + 3\,p)\,\varphi < 1 \qquad \text{und} \qquad (\varrho - p)\,g > 1\,,$$

d. h., es gilt die Ungleichung (5.30).

Die Konstante a ist der aktiven schweren Masse m_A proportional ($a = G\,m_A/c^2$ Sie ist infolge der potentialartigen Kopplung also kleiner als in der allgemeinen Relativitätstheorie. Diese Tatsache kann man auch als eine Absorption der Quellwirkung durch das Potential φ interpretieren. Die Quelle von g wird dagegen durch g natiabsorbiert. — Die reale Absorption $\chi = b/a$ ist im Prinzip meßbar, da sie in die Ausdrücke für die Periheldrehung und die Lichtablenkung eingeht [3]. Die relativistischen Effekte Periheldrehung und Lichtablenkung sind damit, wenigstens im Prinzip, ein Test für die Brechung des starken Äquivalenzprinzips, da $\chi = 1$ nur in der das starke Äquivalenzprinzip erfüllenden allgemeinen Relativitätstheorie gilt. Praktisch ist die Bestimmung von χ aus den genannten Effekten aber nicht möglich, da $|\chi - 1|$ im Falle der Sonne von der Größenordnung 10^{-6} ist.

Der Unterschied zwischen den Integralen (5.19) und (5.25) ist um so größer, je stärker die Gravitationspotentiale im Innern der Materie sind. Um das quantitative Verhalten dieser Größen diskutieren zu können, ist es nötig, das vollständige Gleichungssystem der phänomenologischen Tetradentheorie, bestehend aus Gravitationsgleichungen, dynamischer Gleichung und Zustandsgleichung, zu diskutieren [5]:

Unter Benutzung von (5.13) erhält man aus (5.15) die Gleichungen

$$\frac{1}{r^2}\frac{\partial}{\partial r}\left(r^2\frac{\partial\varphi}{\partial r}\right) = \frac{\varkappa}{2}(\varrho + 3\,p)\,\varphi \quad (5.31\,\text{a})$$

und

$$\frac{1}{r^2}\frac{\partial}{\partial r}\left(r^2\frac{\partial g}{\partial r}\right) = -\frac{\varkappa}{2}(\varrho - p)\,g\,. \quad (5.31\,\text{b})$$

Die Integration dieser Gleichungen liefert dann

$$\left(r^2 \frac{\partial \varphi}{\partial r}\right)\Bigg|_0^r = \frac{\varkappa}{2} \int\limits_0^r (\varrho + 3\,p)\,\varphi\,dr \tag{5.32a}$$

und

$$\left(r^2 \frac{\partial g}{\partial r}\right)\Bigg|_0^r = -\frac{\varkappa}{2} \int\limits_0^r (\varrho - p)\,g\,dr\,. \tag{5.32b}$$

Da φ und g bei $r = 0$ regulär sein sollen, muß $r^2 \left.\frac{\partial \varphi}{\partial r}\right|_{r=0} = 0$ und $r^2 \left.\frac{\partial g}{\partial r}\right|_{r=0} = 0$ gelten. Damit ergibt sich aus (5.32a, b)

$$\frac{\partial \varphi}{\partial r} = \frac{\varkappa}{2\,r^2} \int\limits_0^r (\varrho + 3\,p)\,\varphi\,r^2\,dr \tag{5.33a}$$

und

$$\frac{dg}{dr} = -\frac{\varkappa}{2\,r^2} \int\limits_0^r (\varrho - p)\,g\,r^2\,dr\,. \tag{5.33b}$$

Die Randbedingungen für φ, g, $\frac{d\varphi}{dr}$ und $\frac{dg}{dr}$ lauten:

$$\varphi(R) = 1 - \frac{a}{R}\,, \qquad g(R) = 1 + \frac{b}{R}\,, \qquad \left.\frac{d\varphi}{dr}\right|_{r=R} = \frac{a}{R^2}\,, \qquad \left.\frac{dg}{dr}\right|_{r=R} = -\frac{b}{R^2}\,. \tag{5.34}$$

Aus der dynamischen Gleichung $T_{i\,;k}^{k} = 0$ erhält man mit (5.11) und (5.12)

$$\frac{dp}{dr} = -\frac{p + \varrho}{2}\,\varphi^{-2}\,\frac{\partial}{\partial r}\,\varphi^2\,. \tag{5.35}$$

Ein genaueres Bild des Verhaltens der Massen a und b bei hohen zentralen Dichten erhält man nun durch Integration der Gleichungen (5.33) und (5.35). Die Randbedingungen (5.34) berücksichtigen wir, indem wir setzen:

$$\varphi(r) = \varphi(0)\,\psi_0(r)\,, \quad g(r) = g(0)\,\psi_1(r)\,, \quad \psi_a(0) = 1 \quad (a = 0, 1)\,. \tag{5.36}$$

Die Gleichungen (5.33) gehen mit (5.36) über in

$$\frac{d\psi_a}{dr} = \frac{\varkappa}{r^2}\,\lambda_a\,, \quad \frac{d\lambda_a}{dr} = T_a\,r^2\,\psi_a\,, \tag{5.37}$$

$$\frac{dp}{dr} = -(p + \varrho)\,\frac{\varkappa}{r^2}\,\frac{\lambda_0(r)}{\psi_0(r)} \tag{5.38}$$

$\left(T_0 = \frac{1}{2}(\varrho + 3\,p)\,,\ \ T_1 = -\frac{1}{2}(\varrho - p)\right)$ mit den Anfangswerten

$$\psi_a(0) = 1\,, \quad \lambda_a(0) = 0\,, \quad p(0) = p(\varrho(0))\,.$$

Aus den Anschlußbedingungen (5.34) erhält man für die Konstanten a und b:

$$a = -\left[\frac{\psi_0(R)}{\varkappa\,\lambda_0(R)} + \frac{1}{R}\right]^{-1} \tag{5.39a}$$

und

$$b = -\left[\frac{\psi_1(R)}{\varkappa\,\lambda_1(R)} + \frac{1}{R}\right]^{-1}. \tag{5.39b}$$

Bei Vorgabe von $\varrho(0)$ und der Zustandsgleichung $p = p(\varrho)$ wurde das System (5.37) und (5.38) numerisch von $r = 0$ ausgehend bis zum Werte $r = R$ mit $\varrho(R) \leqq 7{,}89$ g/cm³ schrittweise integriert. Unter Benutzung der Zustandsgleichungen von HARRISON, WAKANO und WHEELER [6] liefert die Integration für a, b und R den in Abb. 1 und 2 dargestellten Verlauf¹). Abb. 1 zeigt: Während die Kurve für a ein analoges Verhalten wie in der allgemeinen Relativitätstheorie zeigt und a einem kritischen Wert von 0,6 $M_\odot$ zustrebt, unterscheidet sich der Verlauf von b oberhalb des Bereiches der Neutronensterne wesentlich von a. Die Differenz $b - a$ wächst von 0,046 $M_\odot$ bei $\varrho(0) = 3 \cdot 10^{14}$ g/cm³ auf 1,94 $M_\odot$ bei $\varrho(0) = 10^{30}$ g/cm³. Dieses Wachsen der Differenz bedeutet nach dem oben Gesagten ein Wachsen der realen Absorption.

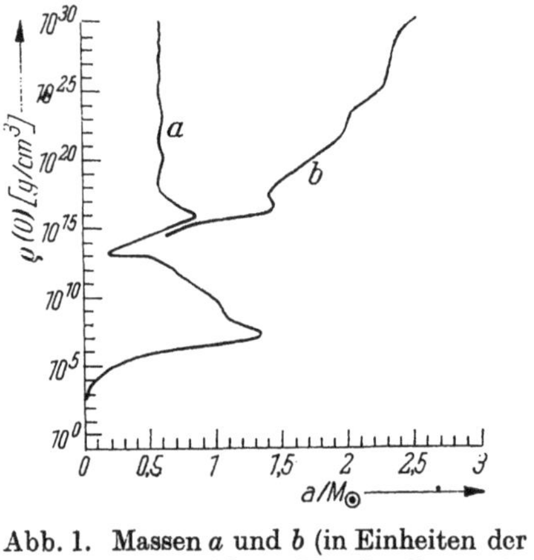

Abb. 1. Massen a und b (in Einheiten der SCHWARZSCHILD-Masse $M_\odot$ der Sonne) in Abhängigkeit von der zentralen Dichte $\varrho(0)$

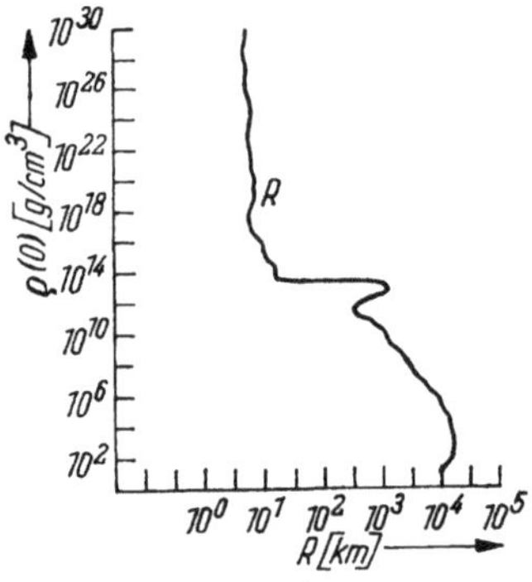

Abb. 2. R als Funktion von $\varrho(0)$

Wir wollen uns nun denjenigen Konsequenzen zuwenden, die die zur Absorption führende Kopplung für den Gravitationskollaps hat.

In [5] wurde die Baryonenzahl

$$B = \int_{V_3} n \sqrt{|g_{\mu\nu}|}\, d^3x \tag{5.40}$$

¹) Auf Abb. 2 wollen wir später zurückkommen.

(n Baryonenzahldichte, $|g_{\mu\nu}|$ Determinante des dreidimensionalen Ortsraumes) für Sterne mit großer zentraler Dichte jeweils für den inneren Kern $r \leqq r_a$, für den die Zustandsgleichung $p = \varrho/3$ gilt, numerisch berechnet. Abb. 3 zeigt die Zahl der Baryonen in einem Zentralgebiet mit dem Radius von $0{,}17 \cdot 10^{-2}$ bis $0{,}19 \cdot 10^{-2}$ km in Abhängigkeit von der zentralen Dichte. Man sieht, daß die Baryonen- zahl B im Unterschied zur allgemeinen Relativitätstheorie in der Tetradentheorie mit der zentralen Dichte $\varrho(0)$ im betrachteten Dichteintervall unbegrenzt anwächst. — Daß dieses Verhalten der Baryonenzahl in der Tetradentheorie tatsächlich eine Folge der potentialartigen Kopplung ist, wird aus der folgenden qualitativen Diskussion ersichtlich.

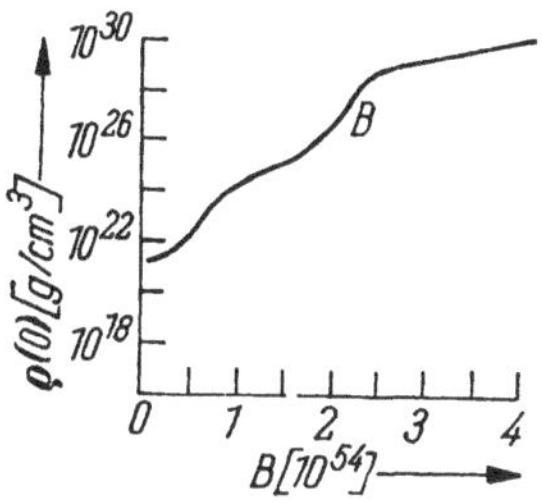

Abb. 3. Baryonenzahl B (innerhalb eines Kerns mit der Zustandsgleichung $p = \varrho/3$) in Abhängigkeit von der zentralen Dichte $\varrho(0)$

Sind die Baryonenzahl n, die Energiedichte ϱ und der Druck p durch die entsprechenden Größen eines Gases ultrarelativistischer FERMI-Teilchen mit der Masse m, dem Impuls q und der Energie $E = \sqrt{m^2 c^2 + q^2} \approx q$ gegeben:

$$dn = \frac{8\pi}{h^3} q^2 \, dq \, , \qquad \varrho = \int \frac{8\pi}{h^3} q^3 \, dq \, , \qquad p = \int \frac{8\pi}{h^3} q^3 \frac{1}{3} \frac{\partial E}{\partial q} \, dq = \frac{1}{3} \varrho$$

(h ist die PLANCKsche Konstante), so folgt für die Baryonenzahldichte

$$n = \frac{2^{2/3}}{3 \, \pi^{1/2} \, L^{3/2}} \varrho^{3/4} \tag{5.41}$$

$\left(L \text{ ist die PLANCKsche Elementarlänge } \left(\frac{h \, G}{c^3}\right)^3 \text{ und } \varrho \text{ wurde auf geometrische Einheiten [cm}^{-2}] \text{ umgerechnet}\right)$. Aus (5.40) und (5.41) erhält man damit

$$B \sim \int_0^{r_a} r^2 \, \varrho^{3/4} \, |g_{\mu\nu}|^3 \, dr \, . \tag{5.42}$$

Man hat nun die Feldgleichungen (5.31) und die Gleichung (5.35) für $p = \varrho/3$ in der Nähe von $r = 0$ unter der Bedingung $\varrho(r) \to \infty$ für $r \to 0$ zu untersuchen. Wir machen also den Ansatz

$$\varrho(r) = \varrho_0 \, r^{-\alpha} + \cdots , \alpha > 0 \, , \qquad g(r) = g_0 \, r^{\beta} + \cdots . \tag{5.43}$$

Geht man damit in die Gleichungen (5.31) und (5.35) ein, so erhält man

$$\alpha = 2 \qquad \text{und} \qquad \beta = -\frac{1}{2} \, . \tag{5.44}$$

Aus (5.42) folgt dann mit (5.43) und (5.44)

$$B \sim \int\limits_0^{r_a} r^{-1}\, dr\,, \qquad B \sim \ln r_a - \lim_{\varepsilon \to 0} \ln \varepsilon\,. \tag{5.45}$$

Die Baryonenzahl ist also logarithmisch divergent, wenn ϱ bei Annäherung an das Zentrum gegen unendlich geht.

Setzt man dagegen zum Vergleich $M^A{}_i = \delta^A{}_k\, T^{*k}_i$, so erhält man

$$\alpha = \frac{8}{5} \qquad \text{und} \qquad \beta = \frac{2}{5}\,. \tag{5.46}$$

Für B folgt also

$$B \sim r_a^3 - \lim_{\varepsilon \to 0} \varepsilon^3\,.$$

B bleibt also beim Fehlen der potentialartigen Kopplung genau wie in der EINSTEINschen Theorie auch für unendliche zentrale Dichten endlich.

Die Absorption der schweren Masse durch das Potential φ und das durch die Antiabsorptionswirkung des Potentials g bewirkte Verhalten der Baryonenzahl B zeigt, in welcher Weise das von WHEELER als die ,,beharrlichste Krise in der Physik" bezeichnete Paradoxon des Gravitationskollaps seine Aufklärung finden könnte: Sowohl in der NEWTONschen wie in der EINSTEINschen Gravitationstheorie gibt es für ein vorgegebenes Volumen V eine maximale Zahl N von Baryonen, die in diesem Volumen enthalten sein kann, ohne daß es ein physikalisches Gesetz gibt, das das Einführen von weiteren n Baryonen in das Volumen V verbieten würde. Im Gegenteil, sowohl die NEWTONsche als auch die EINSTEINsche Gravitationstheorie verlangen, daß, wenn zusätzliche Baryonen dem Volumen V nahekommen, sie in V hineinstürzen (dies ist gerade eine Eigenschaft des Gravitationskollaps). Da aber die Baryonenzahl N in V nicht überschritten werden kann, darf auch nach dem Hineinstürzen von n weiteren Baryonen die Baryonenzahl in V nicht größer als N sein, d. h., die zusätzlichen n Baryonen müssen spurlos aus dem Universum verschwinden. — Dies ist besonders deswegen beunruhigend, weil die Sternmodelle aussagen, daß im Endstadium der Entwicklung eines Sterns von der Größenordnung der Sonnemasse $M_\odot$ ein überdichtes Stadium erreicht wird, in dem das Sternvolumen V nach der NEWTONschen und der EINSTEINschen Theorie nicht mehr in der Lage ist, alle Baryonen des Sterns aufzunehmen, die überschüssigen Baryonen aber auch nicht in der Lage sind, sich vom Stern zu entfernen, so daß der Baryonenüberschuß in irgendeiner Form aus dem Universum spurlos verschwinden müßte.

In der Tetradentheorie gibt es wegen der potentialartigen Kopplung keine obere Schranke für die Baryonenzahl in einem vorgegebenen Volumen, wobei aber die schwere Masse $m_A \sim a$ im Endstadium der Sternentwicklung von derselben Größenordnung ist wie in der allgemeinen Relativitätstheorie. Die überschüssigen Baryonen ,,tragen nichts mehr zum Gravitationsfeld bei", weil ihre Gravitationswirkung durch die sie umgebenden Baryonen abgeschirmt wird.

Damit sind nach der Tetradentheorie kosmische Gebilde mit sehr hoher Baryonendichte und sehr hoher Baryonenzahl möglich, deren schwere Masse aber nicht wesentlich größer sein müßte als die einer normalen Sternmasse, und die dementsprechend nur eine beschränkte EINSTEINsche Rotverschiebung der Spektrallinien aufweisen, die sich nicht wesentlich von der eines Neutronensternes in der EINSTEINschen Theorie zu unterscheiden braucht.

Die Wirkungsweise der zu derartigen physikalischen Konsequenzen führenden potentialartigen Kopplung kann man sich nachträglich qualitativ klarmachen. Wir betrachten dazu ein besonders einfaches Sternmodell[1]), für das wir mit Ausnahme des Sternkerns folgende Annahmen machen wollen: Es sei $p = 0$, und die Dichte ϱ sei konstant. Über den Kern, der von der Schicht konstanter Dichte umgeben ist, soll nur vorausgesetzt werden, daß er so beschaffen ist, daß das Gravitationspotential für $r = 0$ regulär ist und ein Anschluß an die Lösung außerhalb des Kerns möglich ist. Ansonsten sei er so klein, daß die träge Masse des Objektes im wesentlichen durch die Masse der Schicht konstanter Dichte bestimmt ist.

In der Schicht $\varrho = \text{const}$ lautet die Gleichung (5.15a)

$$\Delta\varphi - \frac{1}{2}\varkappa\,\varrho\,\varphi = 0\,, \qquad \varphi = \text{const}; \tag{5.47}$$

sie ist also von der Form der YUKAWA-Gleichung. Die die Absorption beschreibende spezielle Lösung von (5.47) ist durch

$$\varphi_{\text{Mat.}} = C_0\,\frac{e^{-\sqrt{\frac{\varkappa\varrho}{2}}\,r}}{r} \tag{5.48}$$

gegeben. Am Rande $r = R$ des Sterns ist die Vakuumlösung (5.16)

$$\varphi_{\text{Vak.}} = 1 - \frac{a}{r} \qquad (a \equiv G\,m_A\,c^{-2}) \tag{5.49}$$

anzuschließen, woraus sich $a = \sqrt{\frac{2}{\varkappa\varrho}} + R$ ergibt. Die aus dem Gewichtsfaktor des Terms $\sim 1/r$ der Vakuumlösung abzulesende aktive schwere Masse m_A, die durch den Anschluß an die innere Lösung bestimmt wird, wächst mit zunehmendem R also langsamer als die träge Masse des Sterns. (Wäre $M^A{}_i = \delta^A{}_k\,T^{*k}_i$, so würde die POISSON-Gleichung $\Delta\varphi = \varkappa\,\varrho/2$ an die Stelle der Gleichung (5.47) treten. Aus deren Lösung würde man durch Anschluß an die Vakuumlösung

[1]) Es handelt sich dabei keineswegs um einen Vorschlag für ein ernstzunehmendes Sternmodell, sondern um eine Konstruktion, die es uns erlaubt, die Wirkungsweise der potentialartigen Kopplung zu erläutern.

eine schwere Masse ablesen, die mit zunehmendem R viel stärker wächst als im Falle der potentialartigen Kopplung.)

Wir hatten oben eine zweite Besonderheit der statischen kugelsymmetrischen Vakuumlösung (5.17) erwähnt, nämlich die der Existenz einer „singulären SCHWARZSCHILD-Fläche" [7]. Diese Fläche ist durch die Gleichung $r_s = a + b$ gegeben; sie wird also durch das arithmetische Mittel der beiden die Schwere einer kugelsymmetrischen Materieverteilung charakterisierenden Massen bestimmt. Im Unterschied zur SCHWARZSCHILD-Fläche $r = 2\,m$ der Metrik (5.6) liegt auf dieser Fläche eine Singularität der Invariante $R = R^i{}_i$ des RIEMANN-Tensors. Geht man von der in sphärische Polarkoordinaten umgeschriebenen Metrik (5.17) aus:

$$ds^2 = \left(1 - \frac{a}{r-b}\right)^2 dt^2 - \frac{1}{\left(1 - \frac{b}{r}\right)^2} dr^2 - r^2 \left(d\Theta^2 + \sin^2 \Theta \, d\varphi^2\right), \qquad (5.50)$$

so erhält man für R [1])

$$R = R^i{}_i = -\frac{1}{2} g^{00} g^{11}{}_{,1} g_{00,1} - \frac{1}{2} g^{00} g^{11} g_{00,1} \left(g^{22} g_{22,1} + g^{33} g_{33,1}\right)$$

$$+ \text{ für } \quad r \to a + b \quad \text{ reguläre Terme}$$

$$= \frac{1}{r^3} [-2\,a\,b - 4\,a\,(r - b)] \frac{1}{r - a - b} + \text{reguläre Terme}, \qquad (5.51)$$

d. h., der Krümmungsskalar R besitzt einen Pol erster Ordnung für $r \to a + b$. Das hat zur Folge, daß die Fläche $r = a + b$ eine für alle Weltlinien undurchlässige Fläche ist.

Die Lichtkegel, die zum Linienelement (5.50) gehören, entarten bei $r = a + b$ so, daß Teilchen sich dieser Fläche nur asymptotisch mit Lichtgeschwindigkeit nähern können. Dasselbe ergibt sich für die Lichtkegel der SCHWARZSCHILD-Lösung bei $r = 2\,m$. Während man im Falle der SCHWARZSCHILD-Lösung aber zu den Koordinaten von FINKELSTEIN übergehen kann, in denen die Metrik stationär ist und die Lichtkegel so beschaffen sind, daß die Fläche $r = 2\,m$ von zeitartigen Weltlinien durchstoßen werden kann, geht das im Falle der Vakuumlösung (5.50) erwartungsgemäß (wegen der echten Singularität auf $r = a + b$) nicht; es gibt keine Transformation, die das leistet.

Aus der Existenz der Singularität der Vakuummetrik ergibt sich eine Forderung an die Kopplung zwischen Gravitationsfeld und Materie: Die Kopplung muß so beschaffen sein, daß sich der bei Verwendung sinnvoller Zustandsgleichungen bei der Integration durch die Forderung $\varrho(\overline{R}) \leqq 7{,}89\ \mathrm{g/cm^3}$ ergebende Radius $\overline{R}$ einer statischen kugelsymmetrischen Materieverteilung immer größer als r_s ist, so daß überhaupt kein Vakuumfeld für $r \leqq r_s$ existieren

[1]) $_{,1}$ bezeichnet die Ableitung $\partial/\partial r$.

kann. Die numerische Integration der Gleichungen (5.37) und (5.38) zeigt daß diese Bedingung erfüllt ist. In Abb. 2 ist $R = \overline{R} - b$ in Abhängigkeit von $\varrho(0)$ dargestellt.

§ 3. Abschirmung der aktiven Erdmasse

Bisher wurde nur der Fall diskutiert, daß die Schwächung der Quellwirkung der Materie durch das von der Materie selbst erzeugte Gravitationsfeld bewirkt wird. Im folgenden wird die Schwächung der Quellwirkung der Materie durch ein äußeres Gravitationsfeld betrachtet und zwar die Schwächung der Quellwirkung der Erde durch das Gravitationsfeld der Sonne.

Ein Maß dieser Quellwirkung ist die aktive schwere Masse der Erde, die durch den Gewichtsfaktor des kugelsymmetrischen Teiles des Erdfeldes definiert werden kann. Die so definierte Masse wird jedenfalls durch die terrestrischen Methoden der Erdmassenbestimmung (Erdmassenbestimmung durch Messung der Beschleunigung eines frei fallenden Körpers oder durch Messung der Periode eines Pendels auf der Erdoberfläche) gemessen. — Betrachten wir als Beispiel die Erdmassenbestimmung aus der Beschleunigung eines frei auf die Erde fallenden Körpers: Die Erdmasse wird bei dieser Methode aus der gravitativen Wechselwirkung Erde–Meßkörper bestimmt. Da sich die Erde frei im Gravitationsfeld der Sonne bewegt, realisieren die auf der Erdoberfläche befindlichen Meßanordnungen ein lokales Inertialsystem, in dem die Metrik g_{ik} des Sonnenfeldes in erster Näherung gleich der Metrik η_{ik} des MINKOWSKI-Raumes ist. Da in der allgemeinen Relativätätstheorie das starke Äquivalenzprinzip erfüllt ist (das Gravitationsfeld ist mit der Metrik g_{ik} identisch), verschwinden alle äußeren gravitativen Einflüsse, d. h., es gibt auch keine Einwirkung des Sonnenfeldes auf die Wechselwirkung Erde–Meßkörper. Die Tetradentheorie bricht dagegen das starke Äquivalenzprinzip; nicht die aus den Tetraden $h^A{}_i$ gebildeten 10 Kombinationen g_{ik} beschreiben das äußere Gravitationsfeld der Sonne, sondern die $h^A{}_i$ selbst. Es ist daher zu erwarten, daß die gravitative Wechselwirkung zwischen der Erde und dem Meßkörper durch das Sonnenpotential beeinflußt wird. Da sich der Ort der Erde im Sonnenfeld periodisch ändert, sollte in der Tetradentheorie im Unterschied zur allgemeinen Relativitätstheorie also eine periodische Änderung der terrestrisch bestimmten aktiven schweren Masse der Erde auftreten, schon wegen der Tatsache, daß die Gravitationsgleichungen Gleichungen für das Tetradenfeld sind, daß also die „radizierten g_{ik}" bestimmt werden. — Die Rechnung zeigt, daß eine Absorption der schweren Erdmasse auftritt, wobei zu dem „Radizierungseffekt" noch ein durch die potentialartige Kopplung induzierter Beitrag hinzukommt. Die Messung dieses Effekts könnte eine Entscheidung zwischen EINSTEINscher Theorie und Tetradentheorie bringen.

Die Unterschiede, die sich zwischen Tetradentheorie und allgemeiner Relativitätstheorie bezüglich der Absorption der schweren Masse ergeben, werden durch eine Diskussion der aus den Tetradengleichungen folgenden Gleichung für g_{00} besonders deutlich: Aus (5.14) erhält man [1]:

$$\Box g_{ik} = -2\varkappa T^*_{ik} + 2\eta_{AB}\eta^{mn} h^A{}_{i,m} h^B{}_{k,n}\,. \tag{5.52}$$

Für statische Gravitationsfelder mit diagonalen $h^A{}_i$ folgt daraus

$$-\Delta g_{ik} = -2\varkappa T^*_{ik} + 2\eta_{AB}\delta^{mn} h^A{}_{i,m} h^B{}_{k,n}\,, \tag{5.53}$$

also

$$-\Delta g_{00} = -2\varkappa T^*_{00} + 2 h^0{}_{0,m} h^0{}_{0,n}\delta^{mn}\,. \tag{5.54}$$

Mit dem Ansatz $h^0{}_0 = 1 + \Phi$ bzw. $g_{00} = 1 + 2\Phi + \Phi^2$ ergibt sich dann

$$2\Delta\Phi = 2\varkappa T^*_{00} - 2\Phi\Delta\Phi - 4\Phi_{,m}\Phi_{,n}\delta^{mn}\,. \tag{5.55}$$

Die Gleichung (5.55) unterscheidet sich von der entsprechenden linearisierten EINSTEINschen Gleichung für g_{00} durch den negativen Anteil $-2\Phi\Delta\Phi - 4\Phi_{,m}\Phi_{,n}\delta^{mn}$. Da dieser Anteil mit wachsendem Φ im allgemeinen wächst, tritt also in der Tetradentheorie eine die Quellwirkung von $T^*_{0,0}$ schwächende Wirkung auf. Ferner ist natürlich in der 2. Näherung

$$g_{00}\, T^{*0}_{0} = T^*_{00} \neq \eta_{00}\, T^{*0}_{0}\,,$$

wie oben (Kap. 4, § 3) erörtert, denn es gilt

$$T^*_{00} = (1 + 2\Phi + \Phi^2)\, T^{*0}_{0}\,. \tag{5.55a}$$

Bei der Berechnung der Absorption der aktiven schweren Erdmasse hat man zu berücksichtigen, daß die Erde sich mit einer Geschwindigkeit um die Sonne bewegt, deren Quadrat von derselben Größenordnung ist wie das Gravitationsfeld der Sonne: dieser Geschwindigkeitseffekt hat das entgegengesetzte Vorzeichen. Die nachfolgende Rechnung [3] zeigt aber, daß der Absorptionseffekt den Geschwindigkeitseffekt übertrifft.

Wir betrachten also die Gleichungen

$$\Box h^A{}_i = -\varkappa h^A{}_k T^{*k}_i \tag{5.56}$$

und berechnen die Änderung des kugelsymmetrischen Anteils des Erdfeldes, die durch den zeitabhängigen Ort der Erde im Gravitationsfeld der Sonne bewirkt wird. Dazu fassen wir das Erdfeld wieder als eine Störung des Sonnenfeldes auf. Bezeichnet man mit $\underset{0}{h^A{}_i}$ das ungestörte Sonnenpotential, das durch (5.12) und (5.16) gegeben ist, mit $\underset{1}{h^A{}_i}$ die durch die Erde verursachte Störung, mit $\underset{S}{T^{ik}}$ den Materietensor der Sonne und mit $\underset{E}{T^{ik}}$ den der Erde, so kann man

(5.56) schreiben als

$$\Box \underset{0}{h^A}_i + \Box \underset{1}{h^A}_i = -\varkappa \left(\underset{0}{h^A}_k \underset{S}{T_i^{*k}} + \underset{0}{h^A}_k \underset{E}{T_i^{*k}} + \underset{1}{h^A}_k \underset{S}{T_i^{*k}} + \underset{1}{h^A}_k \underset{E}{T_i^{*k}}\right). \tag{5.57}$$

Da die Gleichung

$$\Box \underset{0}{h^A}_i = -\varkappa \underset{0}{h^A}_k \underset{S}{T_i^{*k}}$$

außerhalb der Sonne durch

$$\underset{0}{h^0}_0 = 1 - \frac{a}{r}, \quad \underset{0}{h^\mu}_\nu = \delta^\mu_\nu \left(1 + \frac{a}{r}\right), \quad \underset{0}{h^0}_\nu = \underset{0}{h^\nu}_0 = 0 \quad (\mu, \nu = 1, 2, 3) \tag{5.58}$$

(r ist der Abstand von der Sonne, a die aktive schwere Masse der Sonne) gelöst wird, ist also die Gleichung

$$\Box \underset{1}{h^A}_i = -\varkappa \left(\underset{0}{h^A}_k \underset{E}{T_i^{*k}} + \underset{1}{h^A}_k \underset{S}{T_i^{*k}} + \underset{1}{h^A}_k \underset{E}{T_i^{*k}}\right) \tag{5.59}$$

in der geforderten Näherung zu lösen. — Man kann nun folgende die Rechnung vereinfachte Voraussetzungen machen:

(1) Da die innere Struktur der Erde, die zum Druckeffekt führt, hauptsächlich durch das Erdfeld bestimmt wird und die Änderung des Erdfeldes von der Größenordnung des Absorptionseffektes ist, würde die Berücksichtigung der Änderung der inneren Struktur (Druckeffekt) zu Effekten höherer Ordnung führen. Wir wollen uns aber nur für Effekte von der Ordnung der Variation des Potentials interessieren. Da wir die relative Änderung der Absorption berechnen wollen, können wir außerdem auch die konstanten Effekte der inneren Struktur vernachlässigen und somit schreiben

$$\underset{E}{T^{ik}} = \varrho\, u^i u^k, \qquad \varrho = \text{const}.$$

Die innere dynamische Gleichung braucht aus demselben Grunde nicht berücksichtigt zu werden.

(2) Der Term $\underset{1}{h^A}_k \underset{E}{T_i^{*k}}$ auf der rechten Seite von (5.59), der die Wirkung des Erdfeldes auf seine eigene Quelle beschreibt, ist viel kleiner als die Wirkung des Sonnenpotentials und darüber hinaus nahezu konstant, so daß er vernachlässigt werden kann.

(3) Vernachlässigt werden kann auch der auf der rechten Seite von (5.59) stehende Term $\underset{1}{h^A}_k \underset{S}{T_i^{*k}}$. Er beschreibt die Wirkung des Erdpotentials auf die Quelle des Sonnenfeldes und ist von derselben Ordnung wie der zu berechnende Effekt; in der Umgebung der Erde hat die dadurch bewirkte Korrektur aber keine kugelsymmetrische Komponente in bezug auf das Erdfeld.

Die zu lösende Gleichung

$$\Box \underset{1}{h^A}_i = - \varkappa \underset{0}{h^A}_k \underset{E}{T_i^{*k}} \tag{5.60}$$

kann dann unter Vernachlässigung der Terme, welche die Korrektur $\underset{1}{h^A}_i$ zusammen mit der Materiedichte ϱ enthalten, wegen

$$\underset{E}{T_i^{*k}} = \varrho\, u_i\, u^k - \frac{1}{2} \varrho\, \delta_i^k \left(\eta_{AB} \underset{0}{h^A}_m \underset{0}{h^B}_n + \cdots\right) u^m\, u^n$$

in der Form

$$\Box \underset{1}{h^A}_i = - \varkappa\, \varrho \left(u_i \underset{0}{h^A}_k u^k - \frac{1}{2} \underset{0}{h^A}_i\right) \tag{5.61}$$

geschrieben werden.

Aus den Formeln für die KEPLERsche Bewegung der Erde im Sonnenfeld

$$\left.\begin{aligned} x^i &= \left(c\,t\,,\ \frac{p\cos\alpha}{1+\varepsilon\cos\alpha}\,,\ \frac{p\sin\alpha}{1+\varepsilon\cos\alpha}\,,\ 0\right),\\ \frac{d\varphi}{c\,dt} &= \frac{L}{r^2}\,,\quad r = \frac{p}{1+\varepsilon\cos\alpha}\,,\quad p = \frac{L}{a^2}\,,\quad \frac{a}{p} = \frac{L^2}{p^2} \end{aligned}\right\} \tag{5.62}$$

findet man

$$\left.\begin{aligned} u^i &= U\left(1,\ -\frac{L}{p}\sin\alpha\,,\ \frac{L}{p}\ (\cos\alpha+\varepsilon)\,,\ 0\right),\\ U &= \left[\varphi^2 - g^2\frac{L^2}{p^2}(1+2\,\varepsilon\cos\alpha+\varepsilon^2)\right]^{-1/2},\\ \varphi &= \underset{0}{h^0}_0\,,\quad g = \underset{0}{h^1}_1\,. \end{aligned}\right\} \tag{5.63}$$

Die mit Hilfe der Transformationsmatrix

$$\frac{\partial x^i}{\partial x^{\prime k}} = \begin{pmatrix} \xi & -\xi\frac{L}{p}\sin\alpha & \xi\frac{L}{p}(\cos\alpha+\varepsilon) & 0\\ -\xi\frac{L}{p}\sin\alpha & 1+O\left(\frac{L^2}{p^2}\right) & O\left(\frac{L^2}{p^2}\right) & 0\\ \xi\frac{L}{p}(\cos\alpha+\varepsilon) & O\left(\frac{L^2}{p^2}\right) & 1+O\left(\frac{L^2}{p^2}\right) & 0\\ 0 & 0 & 0 & 1 \end{pmatrix}, \tag{5.64}$$

$$\xi = \left[1 - \frac{L^2}{p^2}(1+2\,\varepsilon\cos\alpha+\varepsilon^2)\right]^{-1/2}$$

auf das lokale Ruhsystem der Erde transformierte g_{00}-Komponente des metrischen Tensors setzt sich dann aus den ungestörten Tetraden $\underset{0}{h^A}_i$ (5.58) und den Lösungen $\underset{1}{h^A}_i$ von (5.61) folgendermaßen zusammen:

$$g_{00}' = \eta_{AB}\left(\underset{0}{h^A}_i + \underset{1}{h^A}_i\right)\left(\underset{0}{h^B}_k + \underset{1}{h^B}_k\right)\frac{\partial x^i}{\partial x^{\prime 0}}\,\frac{\partial x^k}{\partial x^{\prime 0}}\,. \tag{5.65}$$

Um den gesuchten Effekt zu berechnen, benötigt man nur die Korrektur der Erdmasse bis zur Ordnung $O(L^2/p^2) = O(a/p)$. Zu diesem Zweck reicht es aus, die rechten Seiten der Gleichungen (5.61) bis zur Ordnung L/p aufzuschreiben:

$$\left.\begin{aligned}
\Box \underset{1}{h^0}_0 &= -\varkappa\varrho\left(U^2\varphi^2 - \frac{1}{2}\varphi\right), \\
\Box \underset{1}{h^0}_1 &= -\varkappa\varrho\left(\frac{L}{p}\sin\alpha - O\left(\frac{L^2}{p^2}\right)\right), \\
\Box \underset{1}{h^0}_2 &= \varkappa\varrho\left(\frac{L}{p}(\cos\alpha + \varepsilon) + O\left(\frac{L^2}{p^2}\right)\right), \\
\Box \underset{1}{h^1}_0 &= \varkappa\varrho\left(\frac{L}{p}\sin\alpha + O\left(\frac{L^2}{p^2}\right)\right), \\
\Box \underset{1}{h^2}_0 &= -\varkappa\varrho\left(\frac{L}{p}(\sin\alpha + \varepsilon) + O\left(\frac{L^2}{p^2}\right)\right), \\
\Box \underset{1}{h^1}_1 &= \Box \underset{1}{h^2}_2 = \frac{\varkappa\varrho}{2}\left(1 + O\left(\frac{L^2}{p^2}\right)\right), \\
\Box \underset{1}{h^1}_2 &= \Box \underset{1}{h^2}_1 = \varkappa\varrho \cdot O\left(\frac{L^2}{p^2}\right).
\end{aligned}\right\} \tag{5.66}$$

Die Masse der Erde, die durch auf der Erdoberfläche stehende Gravimeter gemessen wird, ist — wie oben erläutert — durch das Gewicht der kugelsymmetrischen Komponente des Erdpotentials in der Nähe der Erde im lokalen Ruhsystem der Erde gegeben. In (5.65) sind daher für $h^A{}_i$ die retardierten Potentiale der Monopolkomponenten der Quellen von (5.66) einzusetzen. Man erhält

$$\begin{aligned}
g'_{00} &= \xi^2\left[\varphi^2 - g^2\frac{L^2}{p^2}(1 + \varepsilon\cos\alpha + \varepsilon^2)\right] \\
&\quad + 2\frac{m_{E_0}}{R}\left[\left(\varphi^2\xi^2 - 2\varphi^4 U^2\xi^2 + 3\frac{L^2}{p^2}(1 + 2\varepsilon\cos\alpha + \varepsilon^2)\right]\right.
\end{aligned} \tag{5.67}$$

(R ist der Abstand vom Zentrum der Erdmasse).

Der Korrekturfaktor der Erdmasse lautet also [3]

$$\Theta = 2\varphi^4 U^2\xi^2 - \varphi^2\xi^2 - 3\frac{L^2}{p^2}(1 + 2\varepsilon\cos\alpha + \varepsilon^2),$$

wobei die ersten beiden Terme ebenfalls bis zur Ordnung L^2/p^2 zu berücksichtigen sind. Entwickelt man sie nach Potenzen von L/p, so findet man

$$\Theta = 1 - \frac{2a}{p}(1 + \varepsilon\cos\alpha) = 1 - \frac{2a}{r}. \tag{5.68}$$

In (5.65) treten die Cross-Terme

$$2\,\eta_{AB}\,\underset{0}{h^A}_i\,\underset{1}{h^B}_k\,\frac{\partial x^i}{\partial x'^0}\,\frac{\partial x^k}{\partial x'^0}$$

auf. Da diese Terme den Summanden $\frac{2\,m_{E_0}}{r}\,\Theta$ in g'_{00} induzieren, gibt es unabhängig davon, ob die $\underset{1}{h^A}_i$ aus Feldgleichungen mit oder ohne potentialartiger Kopplung bestimmt werden, eine Beeinflussung der aktiven Erdmasse durch das Sonnenpotential $\underset{0}{h^A}_i$. In dem Fall, in dem nur der Radizierungseffekt und nicht die potentialartige Kopplung berücksichtigt wird ($M^A{}_i = \delta^A{}_k\,T^{*k}_i$), erhält man

$$\Theta = 1 - \frac{a}{p}(1 + \varepsilon\cos\alpha) = 1 - \frac{a}{r}\,. \tag{5.69}$$

Der Radizierungseffekt ist bezüglich der Absorption der aktiven schweren Masse der Erde also genau so groß wie der durch die potentialartige Kopplung verursachte Effekt.

Die schwere Masse der Erde wird also durch das Sonnenfeld desto stärker absorbiert, je näher die Erde der Sonne kommt. Infolge der Exzentrizität der Erdbahn gibt es eine jährliche Periodizität des Abstandes Erde—Sonne, die zu einer jährlichen Periode in der aktiven schweren Masse führt. Für die relative maximale Schwankung der aktiven schweren Masse der Erde erhält man den Ausdruck

$$\varepsilon\cdot\frac{2a}{p} = 3{,}3\cdot 10^{-10}\,.$$

Um diese Schwankung messen zu können, braucht man ein über ein Jahr stabiles Gravimeter dieser Genauigkeit. Das liegt im Prinzip schon im Bereich der heutigen experimentellen Möglichkeiten.

Eine Messung dieses Effektes würde bedeuten, daß jede dem starken Äquivalenzprinzip genügende Theorie die Gravitation nicht richtig beschreibt.

Literatur

[1] Treder, H.-J.: Ann. d. Physik **20** (1967), 194. Monatsber. d. DAW Berlin **9** (1967), 283.
[2] Kasper, U.: Monatsber. Dt. Akad. Wiss. **12** (1970), 286.
[3] Liebscher, D.-E.: Int. Journ. of Theor. Phys. **2** (1969), 89.
[4] Liebscher, D.-E.: Monatsber. Dt. Akad. Wiss. **9** (1967), 573.
[5] Kreisel, E.: Ann. d. Phys. **23** (1969), 180.
[6] Harrison, B., K. S. Thorne, M. Wakano und J. A. Wheeler: Gravitation Theorie and Gravitational Collapse. University Press, Chikago 1965.
[7] v. Borzeszkowski, H.-H.: Ann. d. Phys. **22** (1969), 326.
[8] Kasper, U. und H.-J. Treder: Ann. d. Phys. **22** (1969), 201.

ANHANG

Thesen zum Äquivalenzprinzip und zur Abschirmung der Schwerkraft

I.

Die empirische Grundlage der allgemeinen Relativitätstheorie EINSTEINS ist das sogenannte schwache Äquivalenzprinzip. Aus der durch die EÖTVÖS-DICKEschen Versuche experimentell bis zur extrem hohen Genauigkeit von $1:10^{-10}$ gesicherten universellen Proportionalität von träger und passiver schwerer Masse folgerte EINSTEIN die lokale Äquivalenz der Gravitation und der Trägheitswirkungen in der allgemeinen Dynamik der Teilchen und Felder. — Für die Diskussion einer möglichen Erweiterung der von EINSTEIN 1915 speziell angegebenen Form einer allgemein-relativistischen Gravitationstheorie ist die Unterscheidung vom schwachem und starkem Äquivalenzprinzip von Bedeutung, und der Unterschied zwischen diesen beiden Formen des Äquivalenzprinzips hängt damit zusammen, daß zunächst nur die Äquivalenz von träger und passiver Masse gesichert werden kann.

II.

Die Masse geht in die NEWTONsche Gravitationsdynamik in drei verschiedenen Bedeutungen ein:

erstens als Trägheitswiderstand, träge Masse m_T, zweitens als Kopplungskonstante, die angibt, wie stark ein vorgegebenes Gravitationsfeld der Feldstärke $F_i = -\frac{\partial \varphi}{\partial x^i}$ auf einen Körper einwirkt; diese Kopplungskonstante ist die passive Gravitationsmasse m_P, und schließlich drittens als aktive Gravitationsmasse m_A, nämlich als Quellstärke des Gravitationsfeldes.

In den beiden ersten Bedeutungen gehen die Massen in das NEWTONsche Bewegungsgesetz ein:

$$m_T \frac{d^2 x^i}{dt^2} = -m_P \frac{\partial \varphi}{\partial x^i}, \tag{A1}$$

in der dritten Bedeutung steht sie im NEWTONschen Gravitationspotential:

$$\Phi = -\frac{m_A}{r}. \tag{A2}$$

Die Äquivalenz zwischen träger und schwerer Masse bedeutet, daß — bei geeigneter Wahl der Maßeinheiten — universell gesetzt werden kann:

$$m_T = m_P. \tag{A3}$$

Aus dem NEWTONschen Gegenwirkungsprinzip folgt eine universelle Proportionalität von aktiver und passiver Gravitationsmasse

$$m_A = G\, m_P\,, \tag{A4}$$

wobei G die NEWTONsche Gravitationskonstante ist.

Nun ist das Gegenwirkungsprinzip identisch mit dem Satz von der Erhaltung des Massenmittelpunktes, und dieser Satz ist in einer allgemeinen RIEMANNschen Raum-Zeit, wie sie nach der EINSTEINschen Gravitationstheorie einem allgemeinen Gravitationsfeld entspricht, generell gebrochen. Daher kann grundsätzlich nicht vom NEWTONschen Gegenwirkungsprinzip ausgegangen werden. Vielmehr muß im Rahmen des himmelsmechanisch Gestatteten die Brechung der universellen Proportionalität (A4) von passiver und aktiver schwerer Masse in allgemeinen relativistischen Gravitationstheorien zugelassen werden. Die verschiedenen relativistischen Gravitationstheorien unterscheiden sich hier nur in der Art und Weise, wie die Brechung des Gegenwirkungsprinzips zustande kommt.

III.

Bezüglich der Struktur der allgemein-relativistischen Raum-Zeit-Welt haben wir drei fundamentale Transformationsgruppen zu unterscheiden, die in der speziell-relativistischen MINKOWSKIschen Raum-Zeit-Welt zusammenfallen und dort miteinander identifiziert werden. Diese Transformationsgruppen sind:

1. Die EINSTEIN-Gruppe der allgemeinen Koordinatentransformationen

$$x^{|i} = x^{|i}(x^l)\,. \tag{A5}$$

2. Die LIE-Gruppe der in der Raum-Zeit möglichen kräftefreien Bewegungen von Körpern und Feldern ohne Verzerrung ihrer Struktur. — In der ebenen Raum-Zeit der speziellen Relativitätstheorie kann jede reale Verlagerung eines Körpers in bezug auf ein vorgegebenes Koordinatensystem mathematisch ersetzt werden durch eine Veränderung des Koordinatensystems bei festgehaltener Lage des Körpers. Die Bedingung dafür, daß dies in einer allgemeinen RIEMANNschen Raum-Zeit wenigstens im unendlich Kleinen möglich ist, ist die Erfüllbarkeit der sogenannten KILLINGschen Gleichung

$$\xi^i\, \partial_i g_{kl} = -\, g_{ki}\, \partial_l \xi^i - g_{il}\, \partial_k \xi^i\,,$$

die im allgemeinsten Falle überhaupt keine Lösungen besitzt.

3. Die LORENTZ-Gruppe, die den Wechsel der Bezugssysteme beschreibt. Diese Bezugssysteme kann man sich physikalisch durch ein $(3 + 1)$-dimensionales System von Normalmaßstäben und Normaluhren realisiert denken. Mathematisch werden diese Bezugssysteme durch die viermal 4 Komponenten eines Tetradenfeldes $h^A{}_i$ $(A = 1, 2, 3, 4)$ bzw. — was prinzipiell dasselbe ist — durch die Komponenten eines metrischen Spinvektorfeldes $\sigma_i^{\alpha\dot{\beta}}$

($\alpha, \dot{\beta} = 1, 2$) dargestellt. — Zwischen der Metrik g_{ik} und dem Tetradenfeld besteht die Orthogonalitätsbeziehung

$$g_{ik} = \eta_{AB}\, h^A{}_i\, h^B{}_k\,, \qquad \eta_{AB} = h^i{}_A\, h^k{}_B\, g_{ik} \tag{A6}$$

bzw.

$$g_{ik} = \sigma_i^{\alpha\dot{\beta}}\, \sigma_k^{\mu\dot{\nu}}\, \gamma_{\alpha\mu}\, \gamma_{\dot{\beta}\dot{\nu}}\,, \qquad \gamma_{\alpha\beta}\, \gamma_{\dot{\mu}\dot{\nu}} = \sigma^i{}_{\alpha\dot{\mu}}\, \sigma^k{}_{\beta\dot{\nu}}\, g_{ik}\,,$$

und die LORENTZschen Drehungen eines Bezugssystems sind gegeben durch die Transformationsgruppe

$$\bar{h}^A{}_i = \omega^A{}_B(x^l)\, h^B{}_i\,, \qquad \omega^A{}_B\, \omega_C{}^B = \delta^A{}_C\,. \tag{A7}$$

Für die Form der Äquivalenzprinzipien sind nur die erste und dritte Transformationsgruppe von Bedeutung; die zweite Gruppe beschreibt die innere Struktur spezieller Gravitationsfelder.

IV.

Unter Verwendung dieser Begriffsbildungen lassen sich nun die Äquivalenzprinzipien leicht formulieren. Für alle Tensorfelder ist nur die EINSTEIN-Gruppe der Koordinatentransformationen von Bedeutung, so daß alle Tensorausdrücke von selbst LORENTZ-Invarianten sind. Das EINSTEINsche Äquivalenzprinzip lautet hier:

Sind die dynamischen Gleichungen für tensorielle Materie in kanonischer Form, d. h. mit höchstens 1. Ableitungen formuliert, so wird der Einfluß der Gravitation auf die Dynamik dieser Materie dadurch erhalten, daß diese Gleichungen in explizit EINSTEIN-kovarianter Form geschrieben werden (LORENTZ-invariant sind sie von selbst).

Für diese EINSTEIN-kovariante Schreibweise ist die Einführung des metrischen Tensors g_{ik} und seiner 1. Derivierten (nämlich der CHRISTOFFELschen drei Index-Symbole)

$$\begin{Bmatrix} i \\ k\,l \end{Bmatrix} = \frac{1}{2}\, g^{im}\, (-\, \partial_m g_{kl} + \partial_k g_{lm} + \partial_l g_{mk})$$

notwendig. Da die 1. Derivierten nur Affin-Tensoren sind, gilt somit auch folgende Fassung des Äquivalenzprinzips für tensorielle Materie: Lokal, d. h. in der infinitesimalen Umgebung eines Punktes P der Raum-Zeit-Welt, gelten die Gleichungen der speziellen Relativitätstheorie auch bei Existenz eines Gravitationsfeldes.

Für spinorielle Materie ist die alte EINSTEINsche Fassung des schwachen Äquivalenzprinzips nicht ausreichend, denn alle speziell-relativistischen Gleichungen für die spinorielle Materie sind von selbst invariant gegenüber der EINSTEIN-Gruppe. Das schwache Äquivalenzprinzip für spinorielle Materie ergibt sich aus der Forderung, daß die durch Fusion aus den Spinorfeldern entstehenden Tensorfelder das schwache Äquivalenzprinzip in der EINSTEINschen Form erfüllen (dies impliziert WEYLS Lemma). Daher lautet das schwache Äquivalenzprinzip für spinorielle Materie: Man erhält den Einfluß des Gravitationsfeldes auf die allgemeine Dynamik der spinoriellen Materie dadurch, daß die kanonischen Bewegungsgleichungen LORENTZ-kovariant und EINSTEIN-invariant formuliert werden. — Das schwache Äquivalenzprinzip für die spinorielle Materie ist ersichtlich dual zum Äquivalenzprinzip für die tensorielle Materie, impliziert aber letzteres Prinzip entsprechend seiner Herleitung.

Für die explizit LORENTZ-kovariante Schreibweise der spinoriellenFelder reichen die 10 g_{ik} und ihre Derivierten nicht aus; hierzu werden vielmehr alle 16 Tetradenkomponenten bzw. alle 16 Spinvektorkomponenten nebst ihren 1. Derivierten benötigt. Das sogenannte Index-Symbol für die Spinor-Übertragung

$$\Lambda^{\alpha}_{\beta l} = \frac{1}{2} \sigma^{i\alpha\dot{\gamma}} \sigma_{i\beta\dot{\gamma};l}$$

ist ein Vektor in bezug auf die EINSTEIN-Gruppe, aber keine LORENTZ-kovariante Größe, und kann durch geeignete LORENTZ-Transformationen lokal zum Verschwinden gebracht werden.

V.

In der speziellen Relativitätstheorie werden die metrischen Spinvektoren und damit die Tetradenfelder konventionell fixiert, derart, daß durch diese Fixierung ein pseudo-euklidischer Fernparallelismus definiert ist. Dieser Fernparallelismus zeichnet in der speziellen Relativitätstheorie die Inertialsysteme vor allen anderen Bezugssystemen aus. In diesen Inertialsystemen haben (bei Verwendung von pseudo-kartesischen Koordinaten) die Tetraden die Form

$$h^{A}{}_{l} = \delta^{A}{}_{l}, \tag{A8}$$

und die metrischen Spinvektoren sind die DIRAC-PAULIschen Spinmatrizen. Bleiben in der Gravitationstheorie die Tetradenfelder grundsätzlich freibeweglich, d. h., ist die Gravitationstheorie grundsätzlich allgemein LORENTZ-kovariant, so läßt sich das schwache Äquivalenzprinzip für spinorielle Materie ebenfalls auf eine EINSTEINsche Form bringen: Metrik g_{ik} und Tetraden $h^{A}{}_{l}$ sind lokal immer so wählbar, daß die Bewegungsgleichungen für die spinorielle Materie auch bei Existenz eines Gravitationsfeldes lokal mit den speziell relativistischen Gleichungen übereinstimmen.

VI.

Das starke Äquivalenzprinzip folgt aus den oben angegebenen Formulierungen des schwachen Äquivalenzprinzips auf Grund der Bemerkung, daß der Einfluß der Gravitation auf tensorielle Materie eindeutig durch die Vorgabe des metrischen Tensors g_{ik} definiert ist. Ist dann die Raum-Zeit-Struktur selbst ebenfalls vollständig durch den metrischen Tensor definiert, so gilt für alle physikalischen Erscheinungen — einschließlich der Gravitation selbst: —: In der infinitesimalen Umgebung eines Weltpunktes gilt die spezielle Relativitätstheorie. — Der Unterschied zwischen spezieller und allgemeiner Relativitätstheorie besteht dann darin, daß in der speziellen Relativitätstheorie die infinitesimalen Umgebungen aller Weltpunkte alle in derselben MINKOWSKIschen Raum-Zeit-Mannigfaltigkeit liegen, während in der allgemeinen Relativitätstheorie jede dieser Umgebungen in einer anderen MINKOWSKIschen Mannigfaltigkeit liegt. Die Aussage, daß infinitesimal exakt die spezielle Relativitätstheorie gilt, auch dann, wenn ein Gravitationsfeld vorhanden ist, ist das starke Äquivalenzprinzip. — Aus der behaupteten Gültigkeit des starken Äquivalenzprinzips folgt daher umgekehrt, daß die Geometrie der Raum-Zeit und damit das Gravitationsfeld vollständig und ausschließlich durch den metrischen Tensor g_{ik} bestimmt ist. Werden für die Gravitation noch zusätzlich andere Feldgrößen festgelegt — etwa die als Feld-Funktion verstandene Gravitationszahl G bzw. die 16 Komponenten $h^A{}_i$ bzw. $\sigma_i^{\alpha\dot{\beta}}$ —, so ist das starke Äquivalenzprinzip gebrochen, denn die zur Verfügung stehenden Transformationen der EINSTEIN-Gruppe reichen nicht mehr aus, alle gravischen Größen lokal zu eliminieren.

VII.

Für die Dynamik tensorieller Materie sind starkes und schwaches Äquivalenzprinzip ersichtlich identisch. Daher kann sich bei der tensoriellen Materie eine Brechung des starken Äquivalenzprinzips (im Unterschied zur Erfüllung des schwachen) nur über die gravische Wirkung der Materie bemerkbar machen. Dies bedeutet, daß dann die universelle Proportionalität von passiver und aktiver Gravitationsmasse gebrochen ist, indem an die Stelle eines konstanten skalaren Proportionalitätsfaktors eine allgemeine Funktion tritt, die explizit oder implizit vom Gravitationsfeld selbst abhängt. Auf diese Weise wird dann auch das Gegenwirkungsprinzip gebrochen, so daß eine Brechung des starken Äquivalenzprinzips auch eine zusätzliche Brechung des Gegenwirkungsprinzips impliziert.

Für spinorielle Materie besteht bereits kinematisch und dynamisch ein Unterschied zwischen den Forderungen des starken und des schwachen Äquivalenzprinzips. Nur das starke Äquivalenzprinzip verlangt die LORENTZ-Kovarianz der Gesamttheorie: Dynamik der Materie plus Feldgleichungen für die Gravitation. Das schwache Äquivalenzprinzip gestattet hingegen die Fixierung der Tetradenfelder durch die Gravitationsfelder bis auf starre LORENTZ-Rotationen. Demnach erlaubt das schwache Äquivalenzprinzip die Einführung einer ausgezeichneten Klasse von Bezugssystemen für die spinorielle Materie.

VIII.

Diejenige Gravitationstheorie, in der das starke Äquivalenzprinzip gilt, ist die EINSTEINsche Gravitationstheorie von 1915.

Entsprechend dem starken Äquivalenzprinzip bestimmen die g_{ik} allein Geometrie und Gravitation. Demnach sind die Feldgleichungen für die Gravitation als EINSTEIN-kovariante Differentialgleichungen zu definieren, in deren homogenen Teil nur die g_{ik} und deren Ableitungen eingehen. Die natürliche Forderung über den Anschluß der allgemein-relativistischen Gravitationstheorie an die NEWTONsche Gravitationstheorie (als Entartungsfall ersterer Theorie) führen dann auf den allgemeinen Ausdruck

$$R_{ik} + a\, g_{ik} R = -\varkappa\, T_{ik} \qquad \varkappa = \frac{8\pi G}{c^4}, \qquad a = \text{const} \tag{A9}$$

für die Gravitationsgleichungen.

Dieser Ausdruck genügt ersichtlich dem starken Äquivalenzprinzip, da der RICCIsche Tensor R_{ik} und der Krümmungs-Skalar $R = g^{ki} R_{ik}$ nur aus dem Tensor g_{ik} und seinen 1. und 2. Derivierten gebaut sind. Die allgemeine EINSTEIN-Kovarianz hat zur Folge, daß mit einer Lösung

$$g_{kl}(x^i) \tag{A10a}$$

von (A9) auch alle EINSTEIN-transformierten Metriken

$$g'_{mn}(x'^i) = \frac{\partial x^k}{\partial x'^m} \frac{\partial x^l}{\partial x'^n} g_{kl} \tag{A10b}$$

Lösungen von (A9) sind. Daher müssen zwischen den 10 Komponenten von (A9) 4 Differential-Identitäten bestehen. (Diese sind mathematisch einfach die Konsequenzen der BIANCHIschen Identitäten für den RIEMANNschen Krümmungstensor.) Es gilt

$$R_i^k{}_{;k} = \frac{1}{2} R_{,i}, \qquad \text{d. h.} \qquad -\varkappa\, T_i^k{}_{;k} = \left(\frac{1}{2} + a\right) R_{,i}. \tag{A11}$$

Damit dann die Gravitationsgleichungen (A9) auch mit dem schwachen Äquivalenzprinzip verträglich sind, ohne zu einer Überbestimmung zu führen, müssen die Differential-Identitäten (A11) auch aus der Gravitationsdynamik der tensoriellen Materie folgen, die auf Grund des schwachen Äquivalenzprinzips hergeleitet wird. Aus der EINSTEIN-kovarianten Schreibung der speziell-relativistischen Gleichungen folgt aber für den Materie-Tensor die dynamische Gleichung

$$T_i^k{}_{;k} = 0\,. \tag{A12}$$

Diese ist die entsprechend dem schwachen Äquivalenzprinzip gegebene EINSTEIN-kovariante Fassung des differentiellen Energie-Impulssatzes

$$\partial_k T_i^k = 0 \tag{A12a}$$

der speziellen Relativitätstheorie. Durch Vergleich von (A10) und (A11) folgt sofort die Bestimmung der Konstante a in (A9):

$$a = -\frac{1}{2}. \tag{A13}$$

Mit (A13) wird (A9) zu den EINSTEINschen Gravitationsgleichungen

$$E_{ik} = R_{ik} - \frac{1}{2} g_{ik} R = -\varkappa T_{ik}. \tag{A14}$$

IX.

Bei allgemeineren Gravitationstheorien ist zu sichern, daß die allgemeine EINSTEIN-Kovarianz der Gravitationsgleichungen nur zu trivialen Identitäten führt, d. h., daß eine genügend große Anzahl von Eichparametern enthalten ist. Da die Gravitationsgleichungen in diesen allgemeineren Theorien unabhängig vom starken Äquivalenzprinzip formuliert werden, folgt in ihnen die Gravitationsdynamik der Materie grundsätzlich nicht aus den Gleichungen für das Gravitationsfeld, sondern ausschließlich aus dem schwachen Äquivalenzprinzip und den Feldgesetzen der Materie. Schon bei Forderung des schwachen Äquivalenzprinzips liefern die Feldgleichungen der Materie von selbst die identische Erfüllung der dynamischen Gleichung (A11).

X.

Eine besondere Form einer nur das schwache Äquivalenzprinzip erfüllenden Gravitationstheorie ist die Bezugs-Tetradentheorie der Gravitation. Nach dieser Theorie definiert die Gravitationswirkung eine allgemeine Brechung der LORENTZ-Kovarianz, indem durch Feldgleichungen und Grenzbedingungen ein universeller Fernparallelismus definiert wird, der durch ein Tetraden- bzw. Spinvektorfeld

$$h^A{}_l = h^A{}_l(x^i) \qquad \text{bzw.} \qquad \sigma_l{}^{\alpha\dot{\beta}} = \sigma_l{}^{\alpha\dot{\beta}}(x^l)$$

gegeben ist. Dieser Fernparallelismus paßt im allgemeinen nicht in eine ebene Raum-Zeit und definiert daher über (A6) eine gekrümmte RIEMANNsche Raum-Zeit-Welt. — Physikalisch bedeutet dieser Fernparallelismus die Auszeichnung einer Klasse von Bezugssystemen als „inertialste".

XI.

Alle Gravitationstheorien, die eine Abschirmung der Schwerkraft — nämlich eine Abhängigkeit der effektiven Gravitationskonstante vom Gravitationspotential selbst — enthalten und auf diese Weise das starke Äquivalenzprinzip verletzen, müssen zu einem zumindest größenordnungsmäßig gleichen Effekt führen. Die Existenz oder Nichtexistenz der in Kap. 5, § 3 angegebenen Abhängigkeit der effektiven Planetenmassen von der Entfernung zur Sonne ist also tatsächlich ein entscheidendes Experiment für oder gegen die Gültigkeit des starken Äquivalenzprinzips. — Wenn das starke Äquivalenzprinzip bestätigt ist, ist die EINSTEINsche Theorie die einzig mögliche.

XII.

In der EINSTEINschen Gravitationstheorie mit starkem Äquivalenzprinzip hingegen bedeutet die Einführung von Tetraden bzw. Spinvektoren in die Gravitationsgleichungen nur die Verwendung von (redundanten) anholonomen Koordinaten, d. h. eine Projektion der Gleichungen auf die Tetraden- bzw. Spinvektorfelder. Die Gleichungen (A14) lauten mit (A6)

$$E_{AB} = R_{AB} - \frac{1}{2}\eta_{AB} R = -\varkappa T_{AB} \tag{A15a}$$

bzw.

$$E_{\alpha\dot{\beta}\gamma\dot{\delta}} = R_{\alpha\dot{\beta}\gamma\dot{\delta}} - \frac{1}{2}\gamma_{\alpha\gamma}\gamma_{\dot{\beta}\dot{\delta}} R = -\varkappa T_{\alpha\dot{\beta}\gamma\dot{\delta}} \tag{A15b}$$

mit

$$R_{AB} = h^i{}_A h^k{}_B R_{ik} \qquad \text{usw.} \tag{A16a}$$

bzw.

$$R_{\alpha\dot{\beta}\gamma\dot{\delta}} = \sigma^i{}_{\alpha\dot{\beta}}\,\sigma^k{}_{\gamma\dot{\delta}} R_{ik} \qquad \text{usw.} \tag{A16b}$$

Die Variationsableitungen der EINSTEINschen Wirkungsfunktion $\mathbf{R} = \sqrt{-g}\,R$ sind

$$\frac{1}{2}\frac{\delta \mathbf{R}}{\delta h_i{}^A} = -\sqrt{-g}\,E^{ik} h^A{}_k \tag{A17a}$$

bzw.

$$\frac{1}{2}\frac{\delta \mathbf{R}}{\delta \sigma_i{}^{\alpha\dot{\beta}}} = -\sqrt{-g}\,E^{ik} \sigma_k{}^{\alpha\dot{\beta}}\,. \tag{A17b}$$

NAMENVERZEICHNIS

SACHVERZEICHNIS

Bei Fragen zur Produktsicherheit wenden Sie sich bitte an:
If you have any questions regarding product safety,
please contact:

Walter de Gruyter GmbH
Genthiner Straße 13
10785 Berlin
productsafety@degruyterbrill.com